# Rechnen bis 20

Vom Zahlenverständnis bis zum sicheren Rechnen

Übungsheft

1. Klasse

## Bildnachweis

Nadine Bougie, Viersen (S. 27, 47, 58, 77, 79); Vera Brüggemann, Bielefeld (S. 7, 8, 12, 14, 23, 24, 29, 30, 56, 62, 64, 68, 69, 70); Udo Clormann, Wiesbaden (S. 53); Madlen Frey und Till Bayreuther, Greven (S. 6); Veronika Mischitz, Esslingen (S. 46); Sven Palmowski, Barcelona (S. 11, 16, 17, 18, 19, 26, 28, 31, 33, 40, 52, 54, 57, 59, 61, 63, 65, 67, 73, 80, 82); Katja Rau, Fellbach (S. 9, 10, 13, 21, 25, 48, 49, 60, 76, 78, 83, 84); Silke Reimers, Mainz (S. 71)

stock.adobe.com: © Ardea-studio (Sterne), © GraphicsRF (Affen, S. 1–3), © Polina Tomtosova (Sticker-Smileys)

Umschlagmotive:
stock.adobe.com: © Ardea-studio (Sterne), © GraphicsRF (Affe, Ballons, Kinder, Rechenzeichen, Wolken, Ziffern), © Igor Zakowsk (Augen für Ziffer 1), © katazyrna b (Ziffern)

# Inhalt

## Wichtige Begriffe und Zeichen

\+ plus, zusammenzählen, addieren (Addition)

– minus, abziehen, subtrahieren (Subtraktion)

< kleiner

> größer

= gleich (Summe)

# Vorwort

In der Schule lernt man für das Leben – das gilt besonders für die Grundkenntnisse in Mathematik. Damit der Start in die fantastische Welt der Zahlen und Rechnungen auch richtig gut klappt, haben wir hier alles zusammengetragen, was man für ein gesundes Verständnis der mathematischen Grundlagen benötigt.

Zunächst wird gezählt, zugeordnet und die Orientierung im Zahlenraum geübt. Dann geht es ans Rechnen: addieren, multiplizieren, ohne Zehnerübergang, mit Zehnerübergang und die Anwendung in Textaufgaben.

Rechnen mit Größen, die Uhr und ein paar Knobelaufgaben für Könner fehlen natürlich auch nicht!

Helfen Sie Ihren Kindern bei der Aufgabenstellung. Lesen Sie geduldig vor, falls Ihr Kind die Aufgaben noch nicht verstehen sollte, und unterstützen Sie Ihr Kind bei der Lösungsfindung.

Die beiliegenden Belohnungssticker können auf jeder gelösten Seite angebracht werden. Natürlich auch, wenn die Aufgaben vielleicht doch nicht so ganz korrekt gelöst sein sollten. Denn geübt ist schließlich geübt!

Viel Spaß beim ersten Ausflug in die Welt der Zahlen!

1

## Zahlen bis 20

Verbinde die Zahlen in der richtigen Reihenfolge.

Geschafft!
(Platz für deinen Belohnungssticker)

2

# Zählen bis 20

Wie viele sind es? Zähle!

**A.** Wie viele Tiere siehst du? ____________

**B.** Wie viele Werkzeuge gibt es im Garten? ____________

**C.** Wie viele Tulpen findest du? ____________

**D.** Wie viele Blumentöpfe sind zu sehen? ____________

**E.** Wie viele Eier sind versteckt? ____________

**Geschafft!**
(Platz für deinen Belohnungssticker)

3

# Zählen und bündeln

Wie viele Dinge sind es?

A. Kreise immer 3 Dinge ein. Wie viele Bündel sind es?

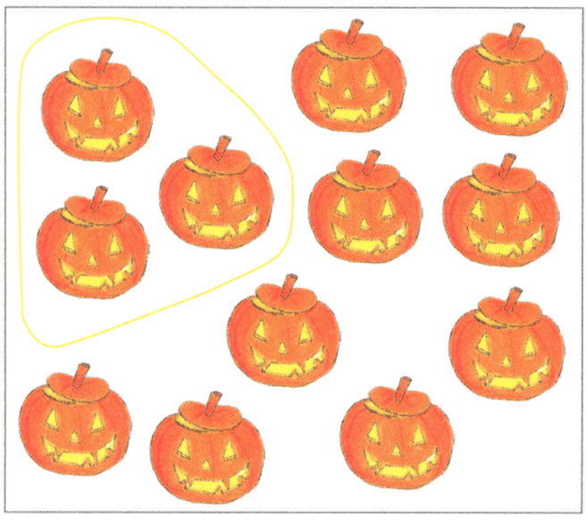

__ Bündel __ Bündel

B. Bilde Bündel mit 5 Dingen. Wie viele Bündel sind es?

Wie viele einzelne Dinge bleiben übrig?

__ Bündel und __ Einzelne __ Bündel und __ Einzelne

Geschafft!
(Platz für deinen Belohnungssticker)

Und nun versuch es selbst: Nimm dir einen Haufen mit Steinen. Teile diesen großen Haufen dann in kleine Haufen mit je drei Steinen. Wie viele Haufen sind es und hast du noch Steine übrig? Statt der Steine kannst du auch andere Dinge nehmen, z. B. Muscheln, Blätter und so weiter.

4

## Zuordnen

Verbinde.

**Geschafft!**
(Platz für deinen Belohnungssticker)

5

## Zuordnen

Verbinde.

Geschafft!
(Platz für deinen Belohnungssticker)

6

## Ordnungszahlen

Trage unten die Buchstaben des 1., 2., 3., 4., 5., 6., 7., 8., 9. und 10. Rennautos ein. Wie heißt das Lösungswort?

| 1. | 2. | 3. | | | | | | | |
|---|---|---|---|---|---|---|---|---|---|
| | | | | | | | | | |

**Geschafft!**
(Platz für deinen Belohnungssticker)

7

## Stellenwerttabelle

Fasse immer 10 Dinge zu einem Bündel zusammen.

Trage dein Ergebnis in die Stellenwerttabelle ein.

A. 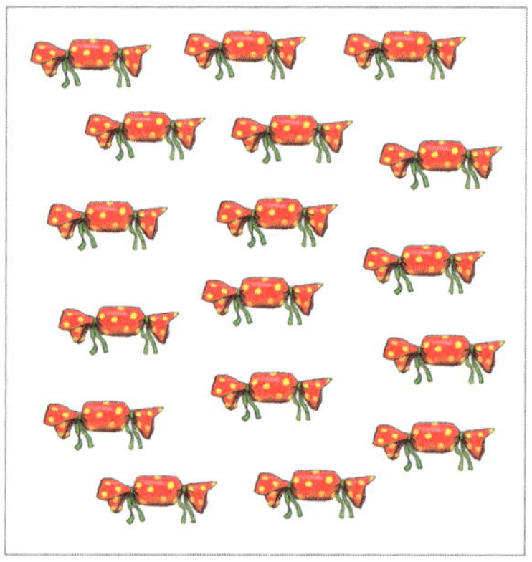

B. 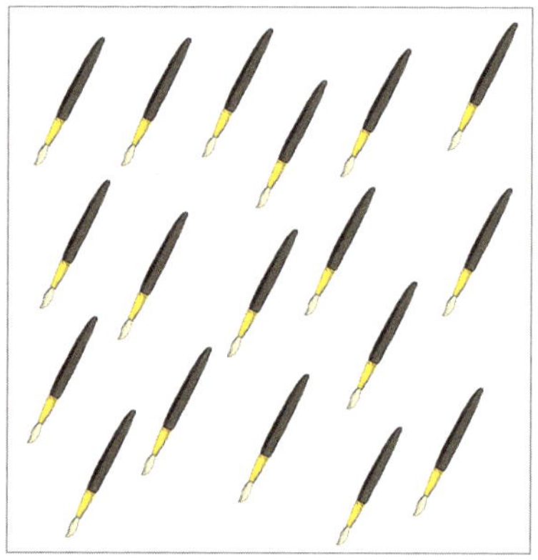

| Z | E |
|---|---|

| Z | E |
|---|---|

C. 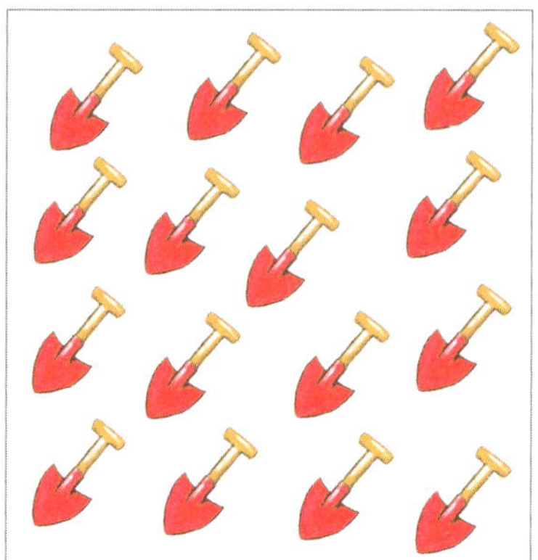

D. 

| Z | E |
|---|---|

| Z | E |
|---|---|

**Geschafft!**
(Platz für deinen Belohnungssticker)

Trage die Anzahl der Zehnerbündel immer unter Z ein,
die Anzahl der Einzelnen immer unter E!

8

## Zehner und Einer

**A.** Streiche immer 1 Baustein durch, und male ihn in den Turm. Wie viele Zehner und Einer hast du?

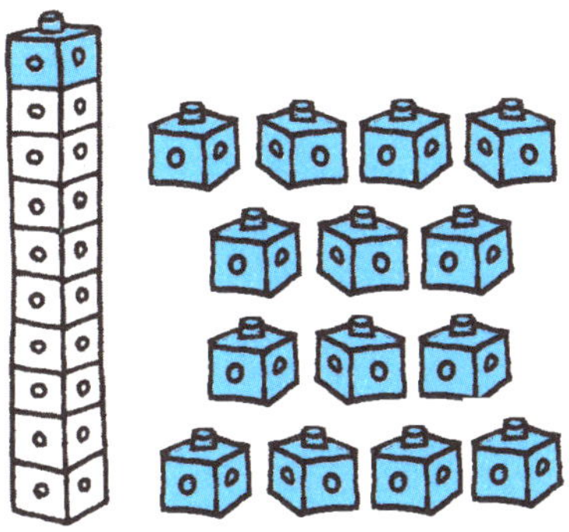

Zehner Einer

Zehner Einer

1 voller Turm ist 1 Zehner.
1 Zehner = 10 Einer.

**B.** Vor jeder Mauer steht, wie viele Bausteine du anmalen sollst.

| Z | E |
|---|---|
| 1 | 3 |
| 2 | 0 |

**Geschafft!**
(Platz für deinen Belohnungssticker)

9

# Zahlen zerlegen

**A.** Julia und Markus wollen Obst unter sich teilen.

Wie können sie aufteilen?

1 + 3   2 + 2   3 + 1

**a.**

**b.**

**B.** Wie kannst du die Zahl 8 zerlegen?

7 + 1

**C.** Wie kannst du die Zahl 6 zerlegen?

5 + 1

**D.** Wie kannst du die Zahl 9 zerlegen?

8 + 1

**Geschafft!**
(Platz für deinen Belohnungssticker)

10

## Zahlen bis 20 ordnen

Ordne die Zahlen der Größe nach.

A. Beginne mit der kleinsten Zahl.

6, 3, 18, 7, 12, 19, 5 — 3 __ __ __ __ __ __

18, 2, 9, 14, 20, 11, 8 — __ __ __ __ __ __ __

B. Beginne mit der größten Zahl.

13, 4, 16, 5, 7, 18, 12 — 18 __ __ __ __ __ __

15, 6, 8, 17, 10, 2, 20 — __ __ __ __ __ __ __

11

## Zahlenreihen bilden

Setze die Zahlenreihen fort.

A. 2, 4, 6, __ __ __ __ __ __ 20

B. 20, 17, 14, __ __ __ __

C. 1, 3, 6, 8, __ __ __ __

Suche nach einer Regel für die Zahlenreihe! Wird dazugezählt oder abgezogen?

D. 20, 19, 15, 14, __ __ __ __ __

E. 1, 2, 4, 8, __

Geschafft!
(Platz für deinen Belohnungssticker)

12

# Noch mehr Zahlenreihen

**A.** Finde heraus, wie die fehlenden Hausnummern heißen müssen.

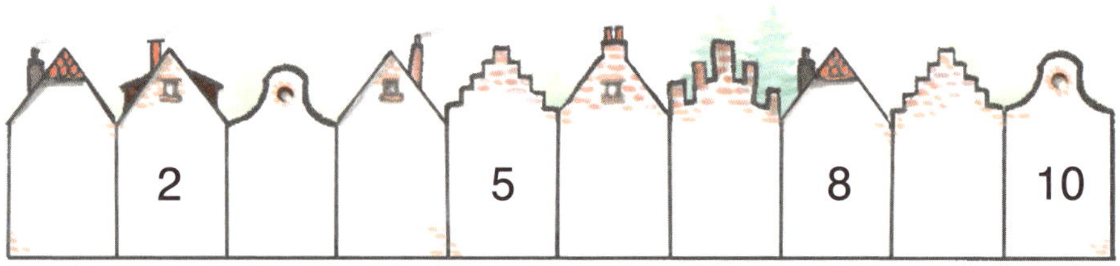


**B.** Trage die Nachbarzahlen ein.

| | | | | | | |
|---|---|---|---|---|---|---|
| | 18 | | | | 11 | |
| | 12 | | | | 15 | |
| | 8 | | | | 1 | |

Außer der Zahl 0 hat jede Zahl 2 Nachbarn.
Das kannst du auf einem Zahlenstrahl gut sehen.
Die Nachbarzahlen nennt man **Vorgänger** und **Nachfolger**.

Dein Lineal eignet sich prima als Zahlenstrahl!

**Geschafft!**
(Platz für deinen Belohnungssticker)

13

# Zahlenmuster

**A.** Male die Zahlenmuster weiter.
Schreibe dann die Zahlenreihe weiter.

2 4 6 8

____ ____ ____ ____ ____ ____

Eins, zwei, Polizei,
drei, vier, Offizier,
fünf, sechs, alte Hex',
sieben, acht, gute Nacht,
neun, zehn, Wiederseh'n.

**B.** Male die Zahlenmuster weiter.
Schreibe dann die Zahlenreihe weiter.

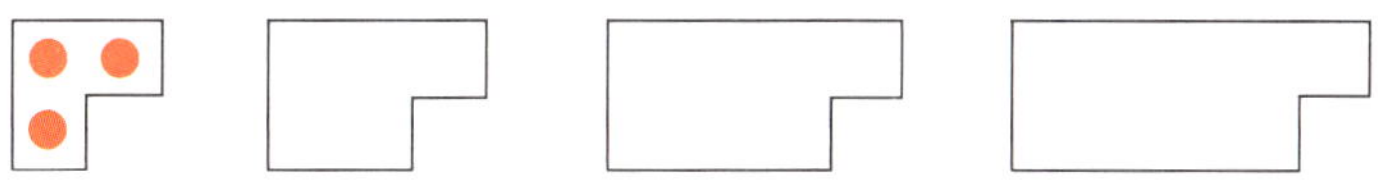

3 5 7 9

____ ____ ____ ____ ____

**Geschafft!**
(Platz für deinen Belohnungssticker)

14

## Einordnen

**A.** Schreibe die fehlenden Zahlen in die Kästchen am Zahlenstrahl.

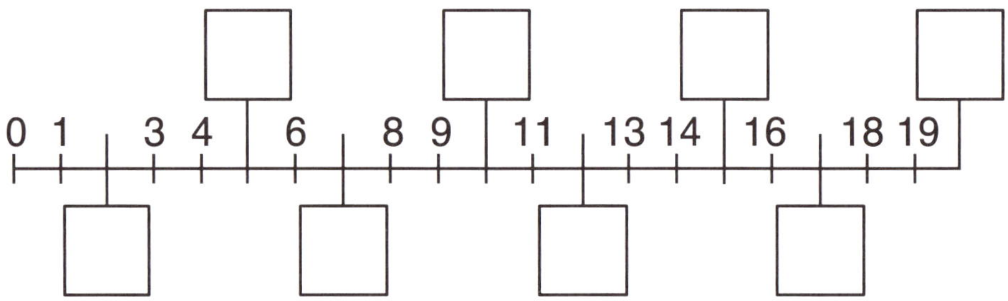


**B.** Schau die 10 Luftballons an.

Welche Zahl zwischen 1 und 10 fehlt? ____

Welche Zahl ist zweimal da? ____

**Geschafft!**
(Platz für deinen Belohnungssticker)

15

# Orientierung im Zahlenraum

**A.** Male alle Zahlen an, die ...

größer sind als 10:

| $> 10$ | 12 | 8 | 19 | 6 | 5 | 20 |
|---|---|---|---|---|---|---|

kleiner sind als 17:

| $< 17$ | 18 | 20 | 15 | 11 | 19 | 7 |
|---|---|---|---|---|---|---|

**B.** Trage die Nachbarzahlen ein.

| | | |
|---|---|---|
| | 17 | |
| | 3 | |
| | 9 | |
| | 13 | |

| | | |
|---|---|---|
| | 10 | |
| | 19 | |
| | 16 | |
| | 14 | |

**Geschafft!**
(Platz für deinen Belohnungssticker)

16

# Kopfrechnen

Beantworte die Fragen!

**A.** Welche Zahlen sind kleiner als 8?

______________________________

**B.** Welche Zahlen stehen zwischen 1 und 6?

______________________________

**C.** Welche Zahlen sind größer als 2 und kleiner als 10?

______________________________

**D.** Welche Zahl in der Zahlenreihe steht vor 7?

______________________________

**Geschafft!**
(Platz für deinen Belohnungssticker)

17

## Gerade und ungerade

Das Zahlenmonster frisst alle geraden Zahlen.

Kreise sie ein.

5 17 8 13 16 12 7 2 11 18 3 1 20 6 15 4 19 14 9 10

Gerade Zahlen kannst du in 2 gleiche Teile zerlegen.
Bei ungeraden Zahlen geht das nicht.

Geschafft!
(Platz für deinen Belohnungssticker)

18

# Strukturiertes Zählen

**A.** Kreise immer 2 Bälle ein.

Es sind ____ Bälle.

Du hast ____ Kreise gezogen.

In jedem Kreis sind ____ Bälle.

**B.** Zähle die Kirschen in 2er-Schritten:

zwei,
vier,
sechs, …

____, ____, ____, ____, ____, ____, ____,

____, ____, ____ Es sind ____ Kirschen.

Eine größere Menge zählst du schneller,
wenn du immer 2 auf einmal abzählst.

**Geschafft!**
(Platz für deinen Belohnungssticker)

1

## Addition bis 10

Du feierst deinen Geburtstag und lädst Jungs und Mädchen ein. Wie viele Kinder kommen insgesamt zu deiner Party?
Schreibe die Rechnung auf.

A.

______________________

B.

______________________

C.

______________________

D.

______________________

E.

______________________

F.

______________________

**Geschafft!**
(Platz für deinen Belohnungssticker)

2

# Addition bis 10

**A.** Rechne.

| | | | |
|---|---|---|---|
| **a.** | 7 + 2 = _____ | 4 + 6 = _____ | 1 + 2 = _____ |
| **b.** | 3 + 7 = _____ | 3 + 3 = _____ | 2 + 8 = _____ |
| **c.** | 4 + 4 = _____ | 6 + 2 = _____ | 7 + 1 = _____ |
| **d.** | 2 + 4 = _____ | 9 + 1 = _____ | 3 + 5 = _____ |

**B.** Was gehört zusammen? Jedes Paar besteht aus einem T-Shirt und einer Hose. Rechne die Aufgaben aus. Suche die Paare mit den gleichen Ergebnissen und male sie in der gleichen Farbe aus.

**Geschafft!**
(Platz für deinen Belohnungssticker)

3

## Addition bis 10

Immer zwei Würfelpaare haben zusammen die gleiche Augenzahl. Verbinde sie.

**Geschafft!**
(Platz für deinen Belohnungssticker)

4

# Addition bis 10

**A.** Schreibe Plusaufgaben zu den Bildern.

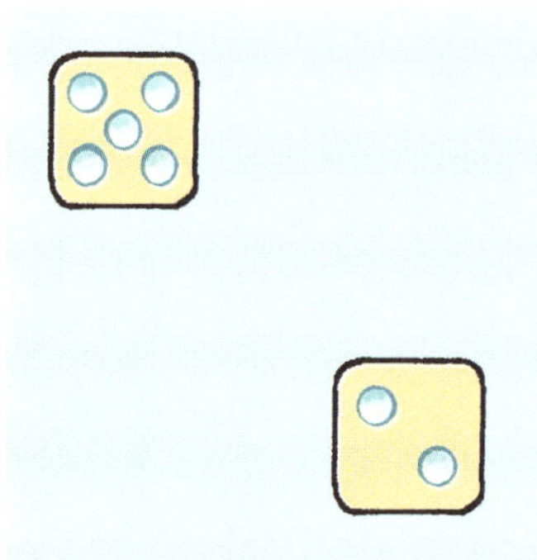

5 + 2 = ___

2 + 5 = ___

___ + ___ + ___ = ___

___ + ___ + ___ = ___

___ + ___ + ___ = ___

___ + ___ + ___ = ___

___ + ___ + ___ = ___

___ + ___ + ___ = ___

**B.** Rechne diese Plusaufgaben.

4 + 5 = ___

5 + ___ = 8

0 + 7 = ___

3 + 2 + 5 = ___

4 + 1 + ___ = 7

0 + 0 + 6 = ___

**Geschafft!**
(Platz für deinen Belohnungssticker)

5

## Verliebte Zahlen

Verliebte Zahlen: Die zwei Zahlen, die zusammen 10 ergeben, sind verliebt. Findest du noch weitere Pärchen?

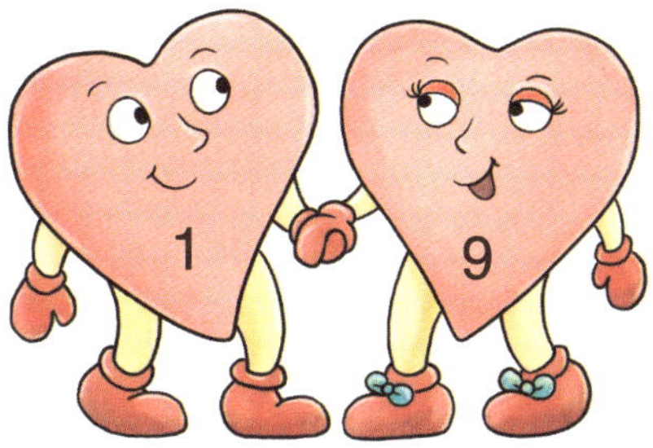

**Geschafft!**
(Platz für deinen Belohnungssticker)

6

# Ergänzen bis 10

**A.** Male so viele dazu, dass es 10 werden.

Ergänze die Aufgabe unter dem Bild.

4 + ___ = 10

8 + ___ = 10

Ergänzen bis 6 oder 10 kannst du mit leeren Eierkartons üben.

**B.** Ergänze die fehlenden Zahlen!

| | |
|---|---|
| 0 + ___ = 1 | 5 + ___ = 10 |
| ___ + 1 = 2 | ___ + 6 = 10 |
| 2 + ___ = 3 | 3 + ___ = 10 |
| 3 + ___ = 4 | ___ + 8 = 10 |

**Geschafft!**
(Platz für deinen Belohnungssticker)

7

## Subtraktion bis 10

Du spielst mit deinem Kaufladen und deine Freundin kauft bei dir ein. Wie viele Dinge bleiben übrig? Schreibe die Rechnung auf.

A. ______________________

B. ______________________

C. ______________________

D. ______________________

E. ______________________

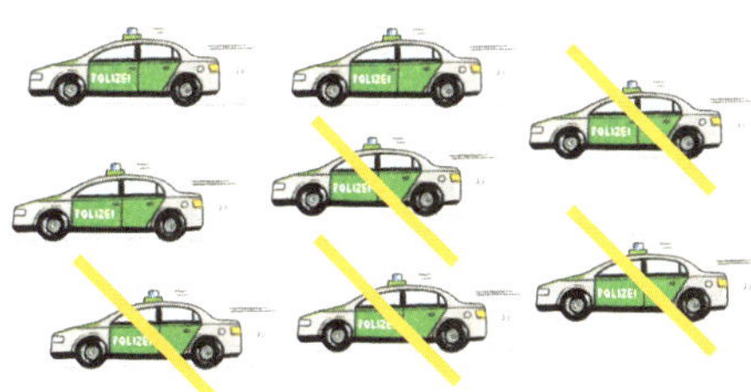

F. ______________________

Geschafft!
(Platz für deinen Belohnungssticker)

8

# Subtraktion bis 10

**A.** Rechne.

**a.** 10 – 6 = ____ 6 – 1 = ____ 8 – 3 = ____

**b.** 9 – 3 = ____ 8 – 8 = ____ 5 – 2 = ____

**c.** 8 – 5 = ____ 10 – 4 = ____ 9 – 4 = ____

**d.** 7 – 3 = ____ 5 – 2 = ____ 7 – 2 = ____

**B.** Nur Bälle mit Ergebnissen kleiner als 5 kommen ins Tor. Zeichne Pfeile ein. Mit welchen Bällen triffst du?

**Geschafft!**
(Platz für deinen Belohnungssticker)

9

# Subtraktion bis 10

**A.** Schreibe Minusaufgaben zu den Bildern.

5 – 2 = ___

___ – ___ = ___

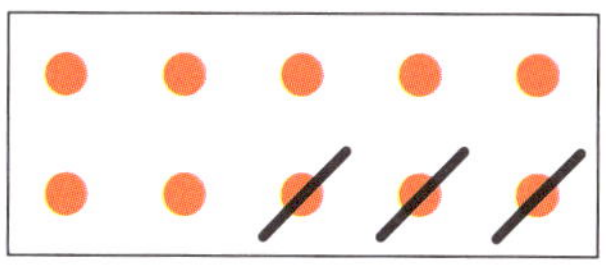

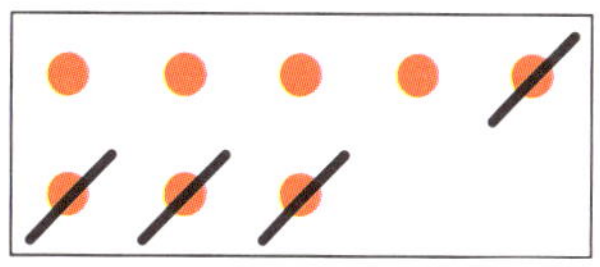

___ – ___ = ___

___ – ___ = ___

**B.** Rechne diese Minusaufgaben.

5 – 3 = ___

6 – ___ = 5

___ – 1 = 0

2 – 0 = ___

___ – 1 = 9

Rechne im Kopf.

**Geschafft!**
(Platz für deinen Belohnungssticker)

10

# Umkehraufgaben bis 10

**A.** Kontrolliere, ob du richtig rechnest.
Bilde die Umkehraufgabe.

a. 6 + 2 = ____ ______________

b. 10 – 7 = ____ ______________

c. 2 + 7 = ____ ______________

d. 7 – 4 = ____ ______________

e. 7 + 2 = ____ ______________

f. 10 – 4 = ____ ______________

g. 3 + 6 = ____ ______________

h. 8 – 5 = ____ ______________

Bilde die Umkehraufgabe, indem du das Rechenzeichen wechselst und die Aufgabe mit dem Ergebnis der ersten Rechnung beginnst.

**B.** Die Lehrerin muss einen Test kontrollieren. Hilf ihr. Ergänze die Rechnung. Setze einen Haken in das Kästchen, wenn die Umkehraufgabe richtig gebildet wurde. Schreibe ein f, wenn sie falsch ist.

| | | |
|---|---|---|
| 5 + 4 = ____ | 9 – 4 = 5 | ☐ |
| 6 – 3 = ____ | 4 + 3 = 6 | ☐ |
| 5 + 2 = ____ | 7 = 5 + 2 | ☐ |
| 10 – 6 = ____ | 6 + 4 = 10 | ☐ |
| 3 + 3 = ____ | 6 – 3 = 3 | ☐ |
| 9 – 1 = ____ | 8 – 1 = 9 | ☐ |
| 4 + 2 = ____ | 6 – 2 = 4 | ☐ |
| 8 – 3 = ____ | 8 = 3 + 5 | ☐ |

Geschafft!
(Platz für deinen Belohnungssticker)

11

## Umkehraufgaben bis 10

**A.** Schreibe immer 2 Plus- und 2 Minusaufgaben zu den Bildern.

| | |
|---|---|
| 4 + 2 = ___ | ___ + ___ = ___ |
| 6 − 2 = ___ | ___ − ___ = ___ |
| 2 + 4 = ___ | ___ + ___ = ___ |
| 6 − 4 = ___ | ___ − ___ = ___ |

**B.** Rechne die Aufgaben und Umkehraufgaben.

3 + 4 = ___

___ − 4 = ___

7 + ___ = 7

___ − ___ = ___

Durch die Umkehraufgabe kannst du prüfen, ob du richtig gerechnet hast.

**Geschafft!**
(Platz für deinen Belohnungssticker)

12

# Addition bis 20 ohne Zehnerübergang

Rechne mit Bausteinen. Zu jeder großen Plusaufgabe kannst du eine kleine finden. Male und schreibe auf.

A.
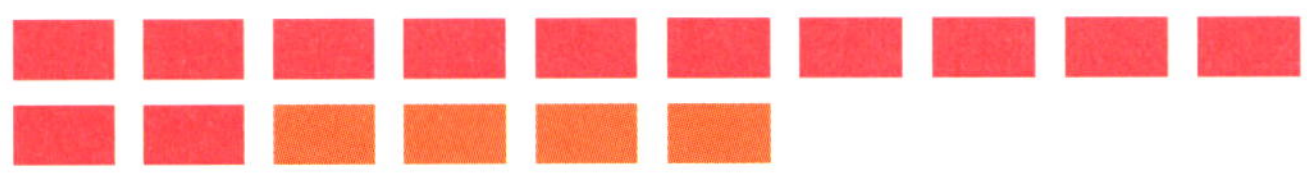

12 + 4 = ____

2 + 4 = ____

B.
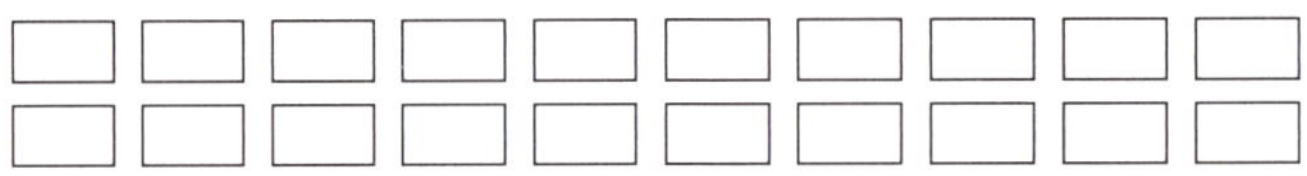

15 + 3 = ____

________________________

C.
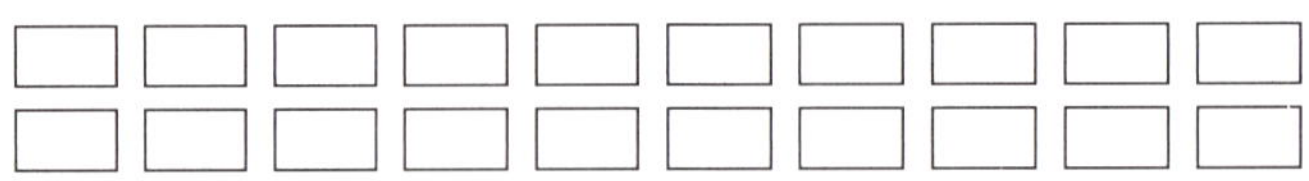

17 + 3 = ____

________________________

D.
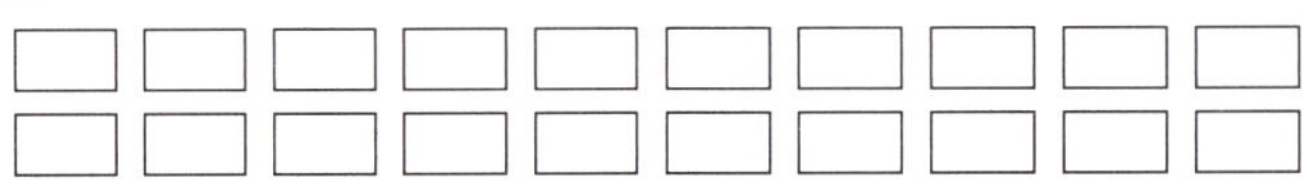

14 + 4 = ____

________________________

Rechne zuerst nur mit den Einern. Setze den Zehner bei der Lösung wieder dazu.

Geschafft!
(Platz für deinen Belohnungssticker)

13

# Subtraktion bis 20 ohne Zehnerübergang

Rechne kleine und große Minusaufgaben.

Male und schreibe die Rechnungen auf.

A.

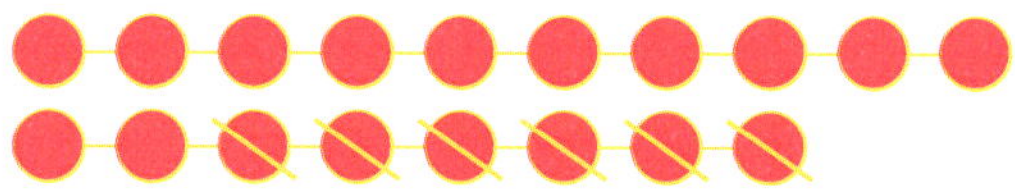

18 – 6 = ____

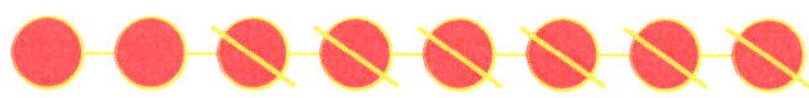

8 – 6 = ____

B.

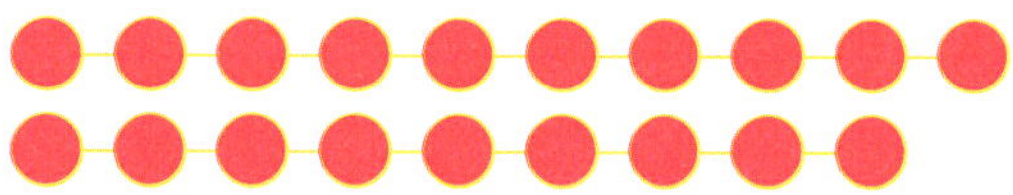

19 – 5 = ____

______________________________

Wie viele Perlen musst du durchstreichen?

C.

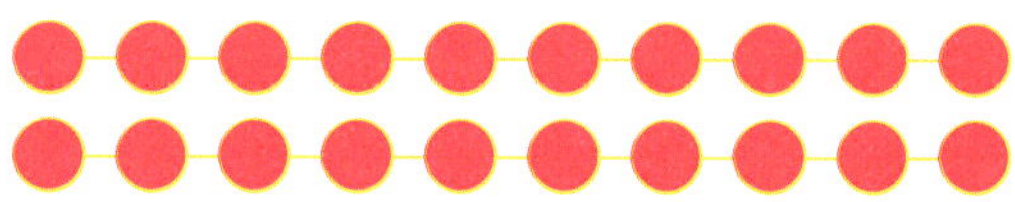

20 – 3 = ____

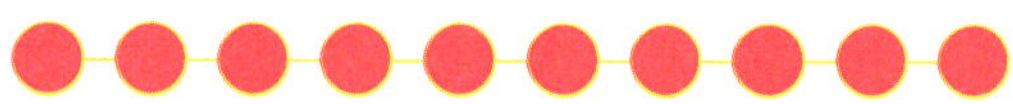

______________________________

D.

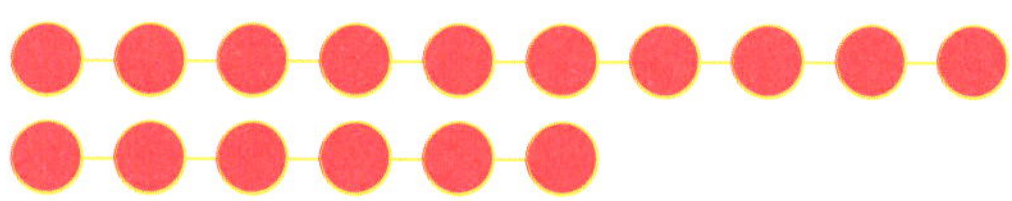

16 – 5 = ____

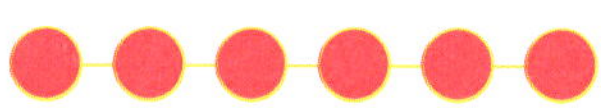

______________________________

Geschafft!
(Platz für deinen Belohnungssticker)

14

## Umkehraufgaben bis 20

**A.** Kontrolliere, ob du richtig rechnest.
Bilde die Umkehraufgabe.

**a.** 17 + 2 = ____ ______________________

**b.** 20 – 4 = ____ ______________________

**c.** 13 + 6 = ____ ______________________

**d.** 18 – 5 = ____ ______________________

**e.** 11 + 8 = ____ ______________________

**f.** 19 – 5 = ____ ______________________

**g.** 14 + 2 = ____ ______________________

**h.** 20 – 8 = ____ ______________________

**i.** 12 + 7 = ____ ______________________

**B.** So ein Durcheinander! Rechne die Aufgaben im Kasten aus. Finde zu jeder Aufgabe die Umkehraufgabe. Verbinde sie mit einem Pfeil.

12 – 6 = 6
14 + 7 = 20
18 – 6 = 12
13 + 6 = 19
19 – 4 = 15
13 + 3 = 16
12 – 6 = 6

| | |
|---|---|
| 12 + 6 = ______ | 20 – 7 = ______ |
| 11 + 4 = ______ | 16 – 3 = ______ |
| 19 – 6 = ______ | 14 + 5 = ______ |

14 + 6 = 19
13 + 7 = 20
19 – 5 = 14
14 + 7 = 20
15 – 4 = 11
13 + 6 = 19
15 – 11 = 4

**Geschafft!**
(Platz für deinen Belohnungssticker)

15

# Addition und Substraktion ohne Zehnerübergang

**A.** Rechne, und schreibe die Ergebnisse in die Kästchen.

| + | 2 | 4 | 3 | 5 |
|---|---|---|---|---|
| 4 | | | | |
| 3 | | | | |
| 5 | | | | |

| – | 7 | 4 | 2 | 6 |
|---|---|---|---|---|
| 9 | | | | |
| 8 | | | | |
| 7 | | | | |

**B.** Löse diese Kettenaufgaben.

Keine Angst vor Kettenaufgaben! Sie sehen lang aus, aber du löst sie ebenso wie kurze Plus- und Minusaufgaben. Gehe einfach Schritt für Schritt vor.

1 + 7 – 5 + 2 – 4 = ____

0 + 6 + 4 – 3 – 6 – 1 = ____

9 – 3 – 2 + 3 – 2 + 1 + 3 = ____

5 + 5 – 4 – 3 + 4 – 5 + 3 + 1 = ____

7 – 4 – 1 + 7 – 3 – 5 + 2 = ____

4 + 6 – 3 – 5 + 2 + 4 = ____

3 – 1 + 6 + 2 – 5 = ____

**Geschafft!**
(Platz für deinen Belohnungssticker)

16

# Addition bis 20 mit Zehnerübergang

**A.** Zerlege die zweite Zahl der Rechnung. Rechne erst bis 10, zähle dann den Rest dazu. Zeichne deine Rechnung auf. Fülle erst die obere Zehnerkette, mach dann mit der unteren weiter.

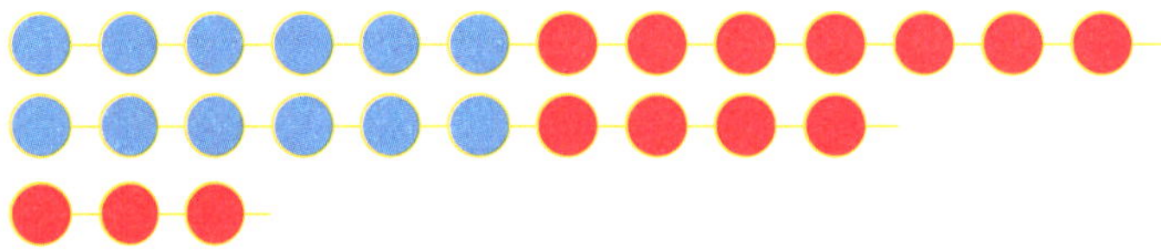

**a.** 6 + 7 = 6 + 4 + 3 = ______

**b.** 

9 + 6 = ______________________________

**c.** 

8 + 4 = ______________________________

**B.** Hexe Lea braucht Hilfe beim Mischen des Zaubertranks. Hilf ihr auszurechnen, wie viele Tropfen Rosenwasser sie braucht. Rechne schrittweise.

Beispiel: 9 + 3 = 9 + 1 + 2 = 12

**a.** 7 + 5 = ____ ______________________

**b.** 8 + 6 = ____ ______________________

**c.** 5 + 8 = ____ ______________________

**d.** 4 + 9 = ____ ______________________

**e.** 6 + 7 = ____ ______________________

Geschafft!
(Platz für deinen Belohnungssticker)

17

# Addition bis 20 mit Zehnerübergang

Welcher Drachen passt zu welchem Kind? Verbinde.

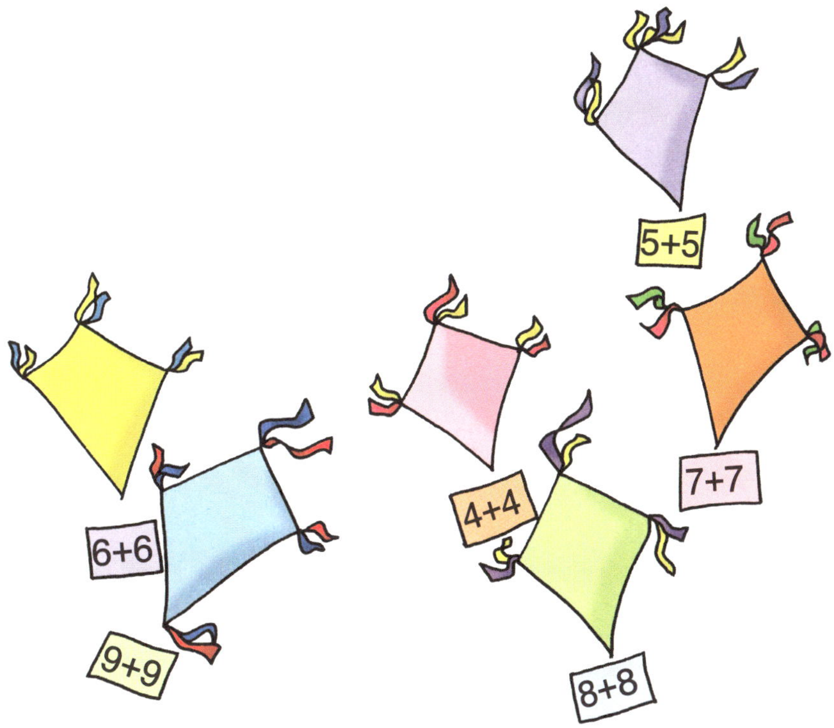

**Geschafft!**
(Platz für deinen Belohnungssticker)

18

# Addition bis 20 mit Zehnerübergang

A. Male in den angegebenen Schritten die Anzahl der Punkte aus.

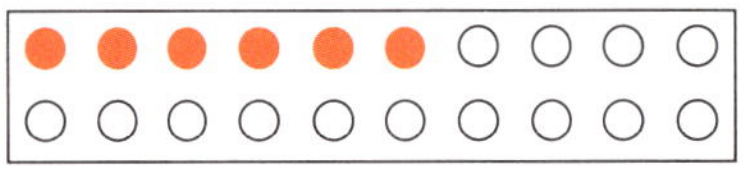

6 + 5

6 + 4 + 1 = ____

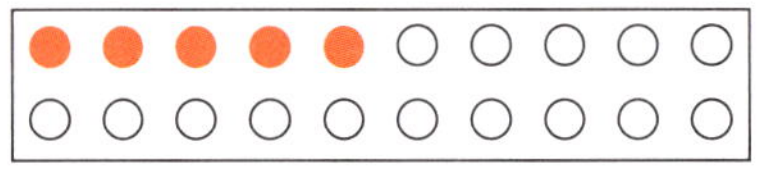

5 + 7

5 + 5 + 2 = ____

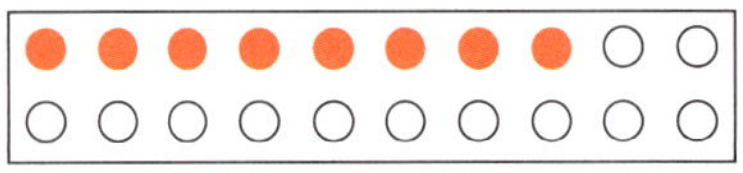

8 + 6

8 + 2 + 4 = ____

B. Rechne, und schreibe die Lösungsschritte auf.

7 + 5

7 + 3 + ___ = ___

6 + 7

___ + ___ + ___ = ___

9 + 4

___ + ___ + ___ = ___

4 + 8

___ + ___ + ___ = ___

Rechne immer erst bis 10!

**Geschafft!**
(Platz für deinen Belohnungssticker)

19

# Verwandte Plusaufgaben

**A.** Rechne, und verbinde verwandte Aufgaben.

| | |
|---|---|
| 3 + 6 = 9 | 7 + 2 = ___ |
| 4 + 3 = ___ | 13 + 6 = 19 |
| 17 + 2 = ___ | 14 + 3 = ___ |
| 12 + 6 = ___ | 1 + 4 = ___ |
| 11 + 4 = ___ | 2 + 6 = ___ |

**B.** Rechne, und finde verwandte Aufgaben.

| | |
|---|---|
| 15 + 5 = ___ | 5 + 5 = ___ |
| 7 + 3 = ___ | ___ + ___ = ___ |
| 12 + 6 = ___ | ___ + ___ = ___ |
| 11 + 8 = ___ | ___ + ___ = ___ |
| 3 + 7 = ___ | ___ + ___ = ___ |

Die Lücken in den Aufgaben halten den Platz für deine Lösung frei.

Manchmal findest du die Lösung leichter, wenn du dir beim Lesen für die Lücke die Frage „Wie viel?“ denkst.

Geschafft!
(Platz für deinen Belohnungssticker)

20

# Subtraktion bis 20 mit Zehnerübergang

**A.** Zerlege die zweite Zahl der Rechnung. Rechne erst bis 10 zurück, ziehe dann den Rest dazu. Zeichne deine Rechnung auf. Streiche erst in der unteren Zehnerkette weg, mach dann in der oberen weiter.

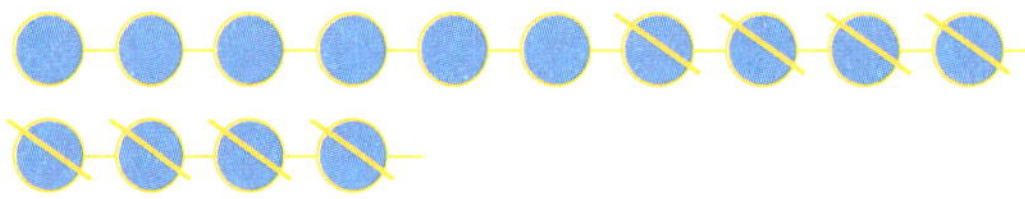

**a.** 14 – 8 = 14 – 4 – 4 = ______

**b.**

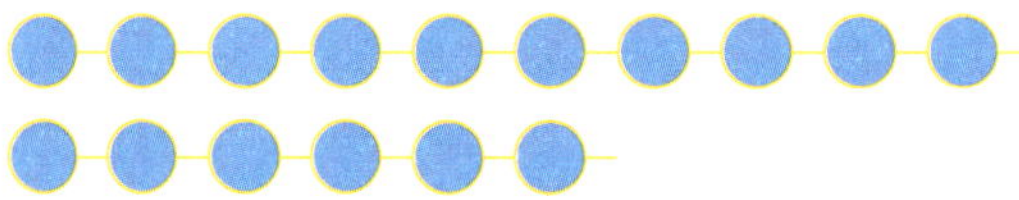

16 – 7 = ______________________________

**c.**

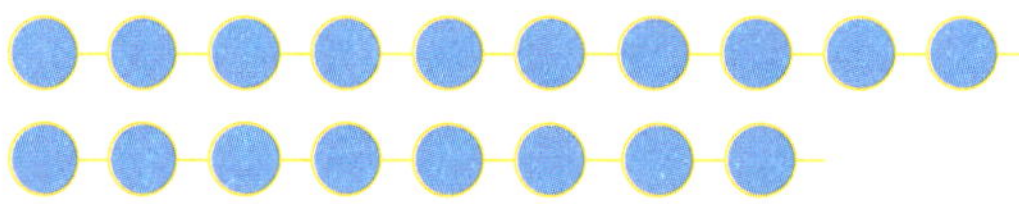

18 – 9 = ______________________________

**B.** Tobias hat es fast geschafft. Nun ist es nicht mehr weit, aber die Aufgaben werden ein wenig schwieriger. Er braucht deine Hilfe. Rechne schrittweise.

Beispiel: 16 – 9 = 16 – 6 – 3 = 7

**a.** 17 – 8 = ____ ________________________

**b.** 15 – 9 = ____ ________________________

**c.** 13 – 5 = ____ ________________________

**d.** 16 – 7 = ____ ________________________

**e.** 14 – 7 = ____ ________________________

Geschafft!
(Platz für deinen Belohnungssticker)

21

# Subtraktion bis 20 mit Zehnerübergang

**A.** Streiche mit jedem Rechenschritt die Anzahl der Punkte durch.

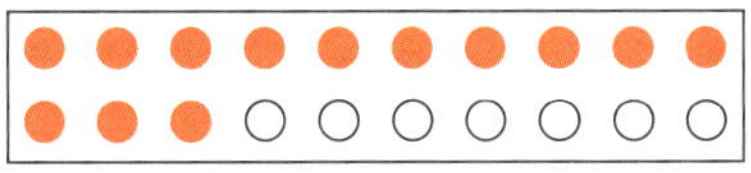

13 – 5

13 – 3 – 2 = ____

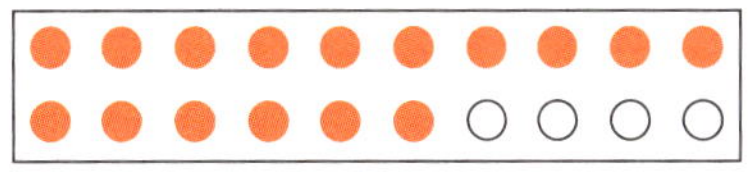

16 – 7

16 – 6 – 1 = ____

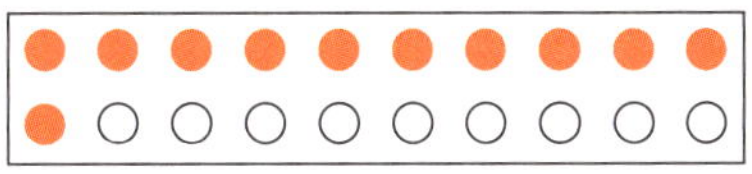

11 – 2

11 – 1 – 1 = ____

**B.** Rechne, und schreibe die Lösungsschritte auf.

17 – 9

17 – 7 – ___ = ___

15 – 7

___ – ___ – ___ = ___

14 – 6

___ – ___ – ___ = ___

12 – 5

___ – ___ – ___ = ___

Nimm zuerst so viele weg, bis du 10 hast.
Dann ziehst du die übrigen von 10 ab.

**Geschafft!**
(Platz für deinen Belohnungssticker)

22

# Verwandte Minusaufgaben

**A.** Rechne, und verbinde verwandte Aufgaben.

| | |
|---|---|
| 19 – 9 = 10 | 16 – 5 = ___ |
| 8 – 7 = ___ | 9 – 9 = 0 |
| 6 – 5 = ___ | 17 – 6 = ___ |
| 15 – 4 = ___ | 18 – 7 = ___ |
| 7 – 6 = ___ | 5 – 4 = ___ |

**B.** Rechne, und finde verwandte Aufgaben.

| | |
|---|---|
| 9 – 2 = ___ | 19 – 2 = ___ |
| 16 – 6 = ___ | ___ – ___ = ___ |
| 18 – 7 = ___ | ___ – ___ = ___ |
| 7 – 5 = ___ | ___ – ___ = ___ |
| 4 – 3 = ___ | ___ – ___ = ___ |

**Geschafft!**
(Platz für deinen Belohnungssticker)

Achtung! Im Gegensatz zu den Plusaufgaben darfst du bei Minusaufgaben die Zahlen nicht vertauschen. Du erhältst nämlich nicht das gleiche Ergebnis.

23

# Addition und Subtraktion bis 20

**A.** Rechne in Pfeilrichtung.

7 + 4 = ____

+ ____ + ____

10

8 + 5 = ____

+ ____ + ____

10

14 – 6 = ____

– ____ – ____

10

15 – 7 = ____

– ____ – ____

10

**B.** Rechne die Plus- und Minusaufgaben.

| | |
|---|---|
| 9 + 5 = ____ | 12 – 7 = ____ |
| 13 – 6 = ____ | 5 + 7 = ____ |
| 17 – 8 = ____ | 7 + 5 = ____ |
| 6 + 7 = ____ | 12 – 5 = ____ |

Geschafft!
(Platz für deinen Belohnungssticker)

24

# Addition und Subtraktion bis 20

Male an.

| | | |
|---|---|---|
| 5 = | 10 = | 14 = |
| 18 = | 19 = | 20 = |

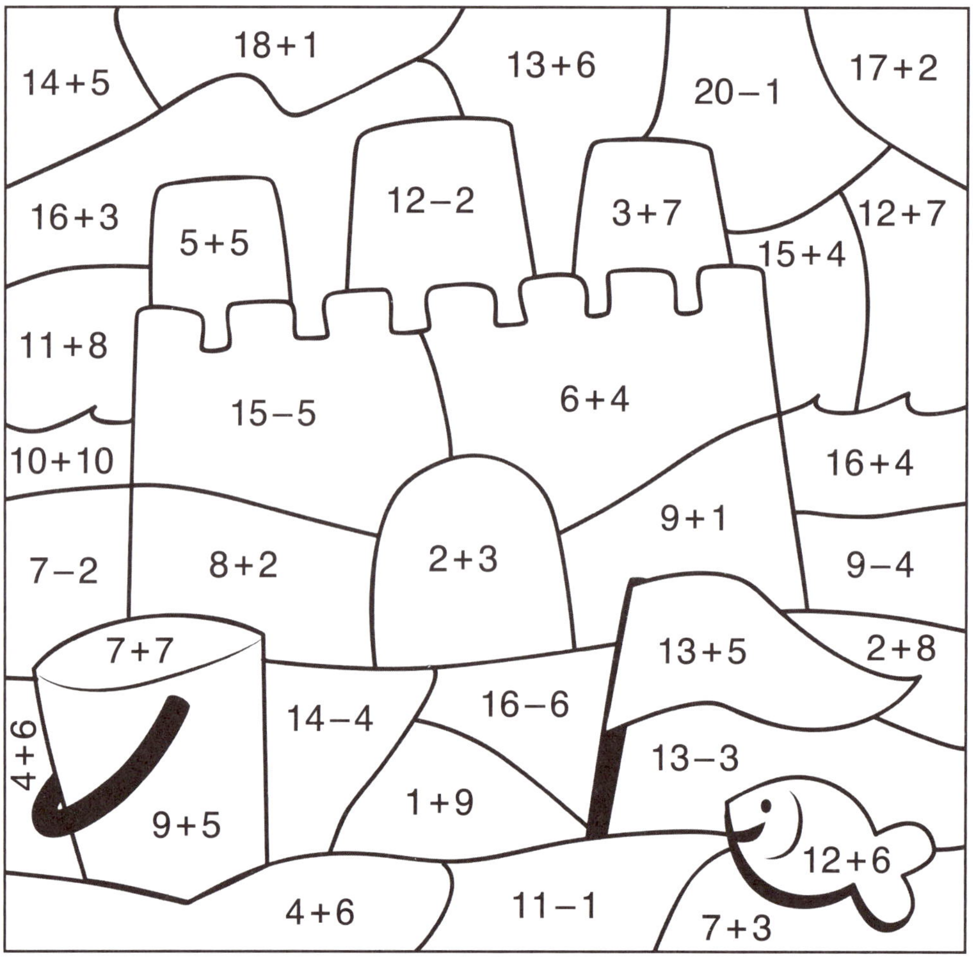


Geschafft!
(Platz für deinen Belohnungssticker)

25

# Addition und Subtraktion bis 20

Wohin fahren die Autos?

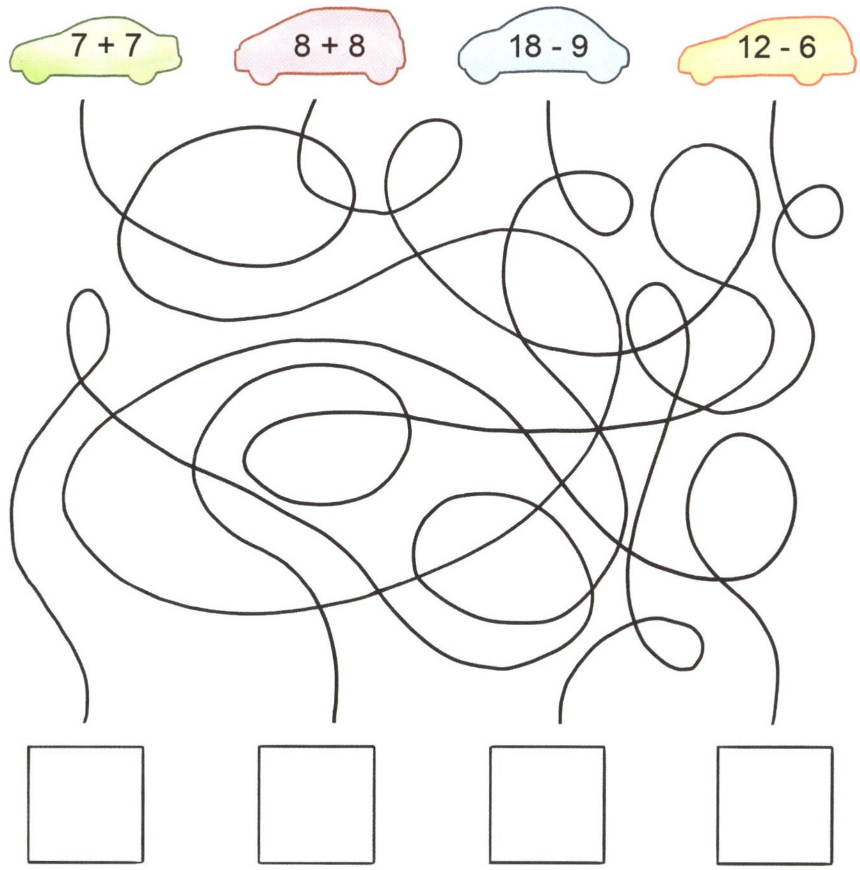


Ergebnis Ergebnis Ergebnis Ergebnis

**Geschafft!**
(Platz für deinen Belohnungssticker)

26

# Addition und Subtraktion bis 20

Zahlenmauern: Zähle immer die Zahlen der nebeneinanderliegenden Steine zusammen. Schreibe das Ergebnis in den Stein darüber.

**Geschafft!**
(Platz für deinen Belohnungssticker)

29

# Tauschaufgaben

**A.** Der Zauberer Potzblitz verzaubert alle Rechenaufgaben. Hilf ihm, aus jeder Aufgabe die Tauschaufgabe zu zaubern, indem du die erste und zweite Zahl der Rechnung vertauschst. Rechne aus.

Beispiel: 4 + 9 = 13 ——— 9 + 4 = 13

a. 4 + 7 = ____ ——— ____________

b. 6 + 9 = ____ ——— ____________

c. 5 + 8 = ____ ——— ____________

d. 5 + 7 = ____ ——— ____________

e. 9 + 3 = ____ ——— ____________

**B.** Kleckse auf den Aufgaben! Findest du trotzdem heraus, welche Aufgaben zusammengehören? Verbinde! Schreibe die fehlenden Zahlen über die Kleckse.

9 + 7 =

6 + 5 =

+ 5 = 14

+ 6 = 11

+ 9 = 16

+ 4 = 12

4 + 8 =

+ 8 = 14

+ 7 = 15

8 + 6 =

7 + 8 =

5 + 9 =

Geschafft!
(Platz für deinen Belohnungssticker)

30

# Noch mehr Tauschaufgaben

A. Schreibe zu jedem Bild 2 Aufgaben.

2 + 3 = ____ ______________________

3 + 2 = ____ ______________________

B. Rechne, und finde die Tauschaufgaben.

6 + 4 = ____ 7 + 2 = ____

______________________ ______________________

2 + 8 = ____ 3 + 6 = ____

______________________ ______________________

**Geschafft!**
(Platz für deinen Belohnungssticker)

31

# Mengen vergleichen

**A.** Alex und Ute würfeln. Wer hat mehr? Kreise für jeden Wurf die größere Würfelzahl ein.

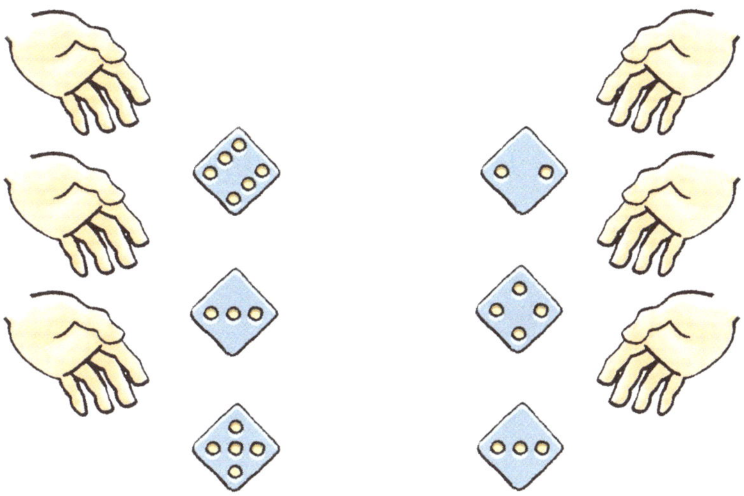

**B.** Der hungrige Vogel öffnet seinen Schnabel immer für die größere Futtermenge. Male den Schnabel (> <) so, dass er an der richtigen Stelle offen ist.

Mit den Zeichen **<, >, =** kannst du Zahlen miteinander vergleichen. Das Zeichen hat die große Öffnung an der Stelle, an der die größere Zahl steht. Das Gleichheitszeichen steht zwischen zwei Zahlen, die gleich groß sind.

**Geschafft!**
(Platz für deinen Belohnungssticker)

32

# Größer, kleiner oder gleich?

**A.** Vergleiche, und setze die Zeichen <, >, = ein.

**B.** Du kannst das auch mit Zahlen machen.

| | | | | | |
|---|---|---|---|---|---|
| 5 | | 7 | 12 | | 15 |
| 8 | | 3 | 17 | | 13 |
| 7 | | 5 | 19 | | 19 |
| 0 | | 4 | 10 | | 20 |

Das Zeichen ist auf der Seite offen, auf der mehr ist.

<

**Geschafft!**
(Platz für deinen Belohnungssticker)

33

## Rechnen und vergleichen

**A.** Rechne, und setze die Zeichen <, >, = in die Kästchen.

| | | | | | |
|---|---|---|---|---|---|
| 2 + 3 | ☐ | 3 + 2 | 9 – 1 | ☐ | 7 |
| 5 + 2 | ☐ | 7 + 1 | 4 + 2 | ☐ | 6 – 0 |
| 10 | ☐ | 6 + 3 | 5 – 3 | ☐ | 2 |
| 4 + 0 | ☐ | 2 + 2 | 8 – 5 | ☐ | 7 + 3 |

**B.** Rechne, und schreibe die fehlenden Zahlen in die Kästchen.

5 – ☐ < 3 – 1

8 + 2 > ☐ + 9

7 + ☐ = 6 + 4

10 – ☐ = 2 + 3

2 + ☐ < 4 – 1

8 + 1 = 9 – ☐

Geschafft!
(Platz für deinen Belohnungssticker)

34

## Ergebnisse vergleichen

Der Zauberlehrling Funkel sollte zu jeder Aufgabe eine neue Aufgabe mit dem gleichen Ergebnis zaubern. Aber herrje, das ging manchmal schief. Wo passt „=“? Setze an den anderen Stellen „<“ oder „>“.

A. 3 + 8 ___ 9 + 4

B. 16 – 8 ___ 14 – 6

C. 19 – 6 ___ 8 + 6

D. 5 + 6 ___ 16 – 5

E. 18 – 5 ___ 19 – 7

F. 6 + 6 ___ 8 + 5

> bedeutet „größer als“
< bedeutet „kleiner als“

35

## Gleichungen lösen

Ein Puzzleteil ist verloren gegangen. Welche Zahl fehlt hier?

A. 4 + ___ = 16 B. ___ = 17 – 9 C. ___ – 11 = 4

D. 15 – ___ = 6 E. ___ = 6 + 7 F. ___ + 8 = 15

G. 9 + ___ = 13 H. ___ = 15 – 9 I. ___ – 6 = 5

J. 14 – ___ = 7 K. ___ = 8 + 9 L. ___ + 5 = 12

Geschafft!
(Platz für deinen Belohnungssticker)

36

## Gleichungen lösen

**A.** Auf beiden Seiten der Waage müssen gleich viele Kugeln liegen. Male auf der Seite Kugeln dazu, auf der weniger sind.

3 = 2 + ____

4 + ____ = 7

**B.** Streiche nun auf einer Seite so viele Kugeln weg, dass auf beiden Seiten gleich viele sind.

5 = 8 – ____

10 – ____ = ____

**Geschafft!**
(Platz für deinen Belohnungssticker)

37

# Noch mehr Gleichungen ...

Auf den Streichholzschachteln steht jeweils, wie viele Perlen darin sind. Einige Perlen kannst du nicht sehen. Schreibe unter die Streichholzschachtel die passende Aufgabe.

3 + 7 = ____________

____________

____________

____________

____________

____________

Geschafft!
(Platz für deinen Belohnungssticker)

38

# Verdoppeln und halbieren

**A.** Verdopple, und ergänze die Tabelle.

| | | | | | | | | |
|---|---|---|---|---|---|---|---|---|
|  | 1 | 2 | 3 | 4 | 5 | 7 | 9 | 10 |
|  | | | | | | | | |

**B.** Halbiere, und ergänze die Tabelle.

| | | | | | | | | |
|---|---|---|---|---|---|---|---|---|
|  | | | | | | | | |
|  | 2 | 4 | 6 | 8 | 10 | 12 | 14 | 16 |

Wenn du 2 gleiche Zahlen addierst, ist das Ergebnis **das Doppelte**.

Nur gerade Zahlen kannst du halbieren. Das Ergebnis heißt **die Hälfte**.

**Geschafft!**
(Platz für deinen Belohnungssticker)

39

# Vergleichen

Schreibe die passende Zahl dazu und setze das Größer- oder Kleiner-Zeichen (> oder <) ein.
Die Buchstaben unter den jeweils größeren Zahlen bilden das Lösungswort.

P

K

A

R

U

T

Z

E

E

O

**Lösungswort:** ______________________

**Geschafft!**
(Platz für deinen Belohnungssticker)

1

## Uhrzeiten

**A.** Wie spät ist es? Trage die Uhrzeit ein.

____ Uhr
oder
15 Uhr

____ Uhr
oder
20 Uhr

____ Uhr
oder
16 Uhr

**B.** Zeichne den kleinen Zeiger ein.

10 Uhr

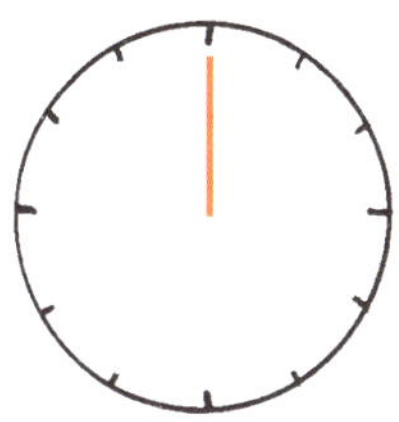

6 Uhr

2 Uhr

1 **Stunde** hat 60 Minuten (min).
1 **Minute** hat 60 Sekunden (s).

**Geschafft!**
(Platz für deinen Belohnungssticker)

2

# Noch mehr Zeiten ...

Kennst du dich mit der Uhr aus?

**A.** Lies die Uhrzeit ab. Jeweils eine Armbanduhr und ein Wecker zeigen die gleiche Zeit. Verbinde.

**B.** Zeichne die Zeiger in die Uhren ein.

Der kleine Zeiger gibt die Stunden an, der große Zeiger gibt die Minuten an.

15.30 Uhr

10.15 Uhr

20.45 Uhr

Viertel nach acht

Halb zwölf

Viertel vor sieben

Geschafft!
(Platz für deinen Belohnungssticker)

3

## Umgang mit Geld

Diese Münzen kennst du:

Auf der linken Seite ist ein Geldbetrag so viel wert wie einer auf der rechten Seite. Verbinde sie.

Euro-Beträge werden durch **€** und **EUR** abgekürzt. Das €-Zeichen kennst du bestimmt schon.

Cent-Beträge werden auch mit **ct** angegeben.

**1 € = 100 ct.**

**Geschafft!**
(Platz für deinen Belohnungssticker)

## 4

# Geldmengen erfassen

Du zählst dein Taschengeld.

Wie viel ist das?

A.

B.

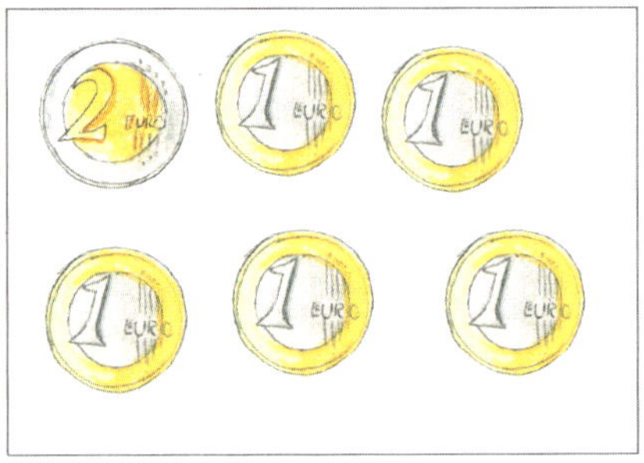

3 Euro 15 Cent

______________

C.

D.

______________

______________

E.

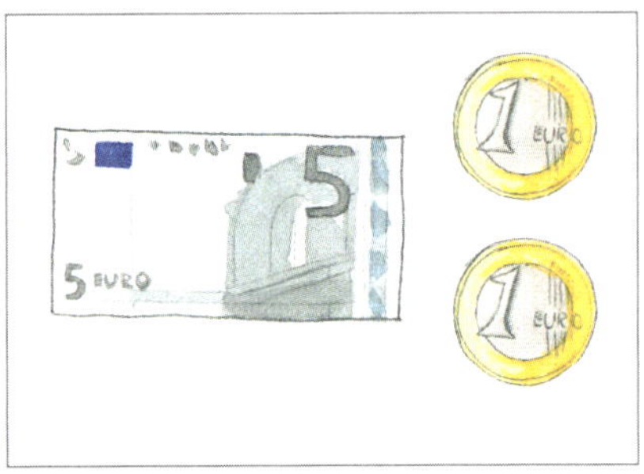

F.

______________

______________

Merke dir: 1 Euro = 100 Cent

**Geschafft!**
(Platz für deinen Belohnungssticker)

1

# Mit Geld rechnen

**A.** Paul kauft auf dem Flohmarkt diese 3 Teile.
Wie viel Euro gibt er aus? Schreibe die Rechnung, und ergänze die Antwort.

___ € + ___ € + ___ € = ___ €

Paul gibt ____ € aus.

**B.** Ina hat 10 Euro. Sie möchte diese 3 Teile kaufen.
Reicht das Geld?

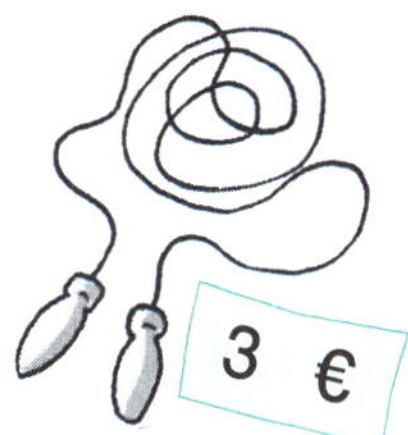


___ € ☐ ___ € ☐ ___ € = ___ €

Kreuze an.

Inas Geld reicht. ☐ Inas Geld reicht nicht. ☐

Du kannst Sachaufgaben (Textaufgaben) ganz einfach lösen, indem du diese Schritte beachtest:

1. Lies die Aufgabe genau durch.
2. Überlege dir: Welche Rechenart brauchst du?
3. Beantworte die Frage.

**Geschafft!**
(Platz für deinen Belohnungssticker)

2

## In der Schule

Die Klasse 1b benötigt für den Unterricht Blumentöpfe. Leonie bringt 7, Max 6 und Anna 5 mit. Wie viele Blumentöpfe sind nun da? Schreibe die Rechnung auf. Ergänze dann die Antwort.

____ ☐ ____ ☐ ____ = ____

Lies genau!

Es sind ____ Blumentöpfe da.

3

## Einkaufen

Nele möchte sich ein Spiel kaufen, das 16 € kostet. Sie hat 9 € gespart. Wie viel € fehlen ihr noch? Es gibt verschiedene Rechenwege.

16 € = ____ € + ____ €

____ € + ____ € = 16 €

16 € – ____ € = ____ €

Ihr fehlen noch ____ €.

**Geschafft!**
(Platz für deinen Belohnungssticker)

4

## Unterwegs

Im Bus sitzen 10 Fahrgäste. Am Stadtpark steigen 2, am Bahnhof 6 Leute aus. Wie viele Fahrgäste befinden sich noch im Bus? Schreibe die Rechnung auf, und ergänze die Antwort.

____ – ____ – ____ = ____

Im Bus befinden sich noch ____ Fahrgäste.

5

## Beim Bäcker

Tim hat 10 Brötchen gekauft. Er isst 2, Papa 3, Mama 2 und Kati 1. Wie viele bleiben übrig? Es gibt zwei Rechenwege.

**A.** ____ – ____ – ____ – ____ – ____ = ____

**B.** ____ + ____ + ____ + ____ = ____

____ – ____ = ____

Es bleiben ____ Brötchen übrig.

Lies genau, und male dir Bilder zur Rechengeschichte.

**Geschafft!**
(Platz für deinen Belohnungssticker)

6

## Obst ist lecker

Die Mutter hat den Kindern einen Teller mit 8 Äpfeln hingestellt. Sonja und ihre vier Freunde essen gleich jeder einen Apfel. Wie viele Äpfel sind noch übrig?

Zeichne ein Bild zur Aufgabe.
Schreibe die Rechnung auf.

**Rechnung:** ______________________________

**Antwort:** ______________________________

7

## Treffpunkt Fußballplatz

Oskar geht mit seinen beiden Brüdern auf den Fußballplatz. Fünf Jungen sind schon da. Jetzt kommen noch vier weitere Freunde dazu. Wie viele Kinder sind es insgesamt?

Zeichne das Bild fertig und schreibe die Rechnung dazu.

**Rechnung:** ______________________________

**Antwort:** ______________________________

Geschafft!
(Platz für deinen Belohnungssticker)

8

## In der Tierklinik

In der Tierklinik sind heute 11 Hunde versorgt worden, gestern waren es 7 Hunde. Wie viele Hunde sind an beiden Tagen zusammen behandelt worden?

**Antwort:** ____________________

9

## Im Tierheim

Letzte Woche ist im Tierheim viel passiert. Am Anfang der Woche waren 16 Katzen im Heim. 9 Katzen haben ein neues Zuhause bekommen. Aber am Ende der Woche wurde noch eine Katzenmutter mit 5 kleinen Kätzchen abgegeben. Wie viele Katzen sind nun im Tierheim?

**Antwort:** ____________________

**Geschafft!**
(Platz für deinen Belohnungssticker)

10

## Wettschießen der Cowboys

**A.** Bei einem Wettschießen trifft ein Cowboy in der ersten Runde 9 Dosen. In der zweiten Runde schießt er 5 Dosen ab. Wie viele Dosen hat er insgesamt getroffen?

**Antwort:** ______________________________

**B.** Insgesamt stehen 20 Dosen auf dem Zaun.
Der Cowboy schießt in der ersten Runde 5 herunter, in der zweiten Runde 6 und in der dritten Runde 7.
Wie viele Dosen stehen noch auf dem Zaun?

**Antwort:** ______________________________

**Geschafft!**
(Platz für deinen Belohnungssticker)

## 11 Altersrätsel

**A.** Fritz stellt seinen Klassenkameraden ein Rätsel:

Meine Schwester ist 16 Jahre alt. Ich bin 7 Jahre alt.

Wann wird meine Schwester doppelt so alt sein wie ich?

**Lösung:** In ____ Jahren wird seine Schwester doppelt so alt sein wie er.

**B.** Anton ist 6 Jahre alt. Fritz ist doppelt so alt wie Anton. Leo ist zwei Jahre jünger als Fritz. Max ist halb so alt wie Leo.Wie alt sind die Kinder?

Anton ist ____ Jahre alt.

Fritz ist ____ Jahre alt.

Leo ist ____ Jahre alt.

Max ist ____Jahre alt.

Geschafft!
(Platz für deinen Belohnungssticker)

12

## Welche Zahl ist es?

Wenn du von meiner Zahl 5 abziehst und dann 7 dazugibst, erhältst du 14. ________

Wenn du meine Zahl verdoppelst und 1 hinzugibst, erhältst du 13. ________

Wenn du meine Zahl halbierst und 2 abziehst, erhältst du 8. ________

Meine Zahl ist eine gerade Zahl. Sie ist größer als 11 und kleiner als 14. ________

**Geschafft!**
(Platz für deinen Belohnungssticker)

13

## Klassenbücherei

In der Bücherkiste der Klasse 1a waren 20 Bücher. 12 Kinder haben sich jeweils eines ausgeliehen. Wie viele Bücher sind noch in der Kiste? Schreibe die Rechnung auf, und ergänze die Antwort.

____ ☐ ____ = ____

In der Bücherkiste sind noch ____ Bücher.

Bevor du rechnest, überlege, ob es mehr oder weniger wird.

14

## Einkaufstour

Jan leert seine Spardose. Er hat 16 €. Für 9 € kauft er 1 Fußball, für 5 € Tischtennisbälle. Wie viel € bleiben übrig?

____ € ☐ ____ € ☐ ____ € = ____ €

Es bleiben ____ € übrig.

Geschafft!
(Platz für deinen Belohnungssticker)

# Klassensprecherwahlen

1

**A.** In der Klasse 1a wurde ein neuer Klassensprecher gewählt. Die Lehrerin hat an der Tafel die Stimmen ausgezählt und eine Strichliste gemacht. Wie viele Stimmen hat jedes Kind bekommen? Welches Kind ist neuer Klassensprecher?

Strichlisten sind Fünfer-Bündel: Es werden immer vier gerade Striche mit einem fünften, schrägen Strich zusammengefasst.

| | |
|---|---|
| Maria | 𝍸 IIII |
| Timo | 𝍸 II |
| Kerstin | 𝍸 𝍸 I |

Maria: _____ Timo: _____ Kerstin: _____

**Antwort:** ______________________________

**B.** Auch in der Klasse 1b wurde ein neuer Klassensprecher gewählt. Zähle die Stimmen mithilfe einer Strichliste auf einem extra Blatt Papier. Wer ist neuer Klassensprecher?

**Antwort:** ______________________________

Geschafft!
(Platz für deinen Belohnungssticker)

2

## Fußballtore

Max, Tommi und Stefan schießen mit dem Fußball auf eine Torwand. Ihre Ergebnisse halten sie mithilfe einer Strichliste fest. Wie viele Treffer hat jeder Junge geschafft? Wer war der beste?

| | |
|---|---|
| Max | 卌 卌 III |
| Tommi | 卌 III |
| Stefan | 卌 卌 II |

Max: ______ Tommi: ______ Stefan: ______

**Antwort:** ________________________________

3

## Weitwurf

Jan, Freddy und Luka üben sich im Weitwurf. Jeder Ball, der über die Ziellinie geworfen wird, zählt einen Punkt. Jan wirft 9 Bälle über die Ziellinie, Freddy 15 und Luka 14. Lege für jeden Jungen eine Strichliste an. Wer hat gewonnen?

**Antwort:** ________________________________

Geschafft!
(Platz für deinen Belohnungssticker)

4

## Zählen und darstellen

**A.** Zähle die Sachen aus der Spielkiste. Mache für jedes einzelne Teil einen Strich in das Kästchen. Denke an die 5er-Bündel.

|  |  |  |  |
|---|---|---|---|
| | | | |
| | | | |

**B.** So viele Tiere haben wir auf dem Bauernhof gezählt. Führe eine Strichliste, wie viele es sind.

| | | | | | | | | | | |
|---|---|---|---|---|---|---|---|---|---|---|
| Katze | | | | | | | | | | |
| Huhn | | | | | | | | | | |
| Hase | | | | | | | | | | |

Katze || ________ Huhn ________ Hase ________

**Geschafft!**
(Platz für deinen Belohnungssticker)

5

## Zähle und finde das Lösungswort

| | | | | | |
|---|---|---|---|---|---|
| 10 | | | | | |
| 卌 卌 | | | | | |
| G | | | | | |

4=E 2=A 10=G 9=N 1=T 3=R

**Lösungswort:** ______________________

**Geschafft!**
(Platz für deinen Belohnungssticker)

# 1 Addieren und subtrahieren

Mia und Finn haben Rechnungen in den Sand geschrieben, aber manche Zahlen sieht man nicht mehr. Findest du die fehlenden Zahlen?

| | | | | | |
|---|---|---|---|---|---|
| 3 | + | | + | 6 | = 16 |
| + | | + | | + | |
| | + | | + | | = 11 |
| + | | + | | + | |
| 4 | + | | + | 5 | = 18 |
| = | | = | | = | |
| 9 | | 17 | | 19 | |

| | | | | | |
|---|---|---|---|---|---|
| 9 | – | | – | 3 | = 0 |
| + | | + | | + | |
| | – | | – | | = 2 |
| + | | + | | + | |
| 7 | – | | – | 1 | = 1 |
| = | | = | | = | |
| 24 | | 15 | | 6 | |

Geschafft!
(Platz für deinen Belohnungssticker)

2

## Addieren und subtrahieren

Welches Auto ist das Fluchtauto? Hilf der Polizei und fahre immer dort entlang, wo das größere Ergebnis herauskommt.

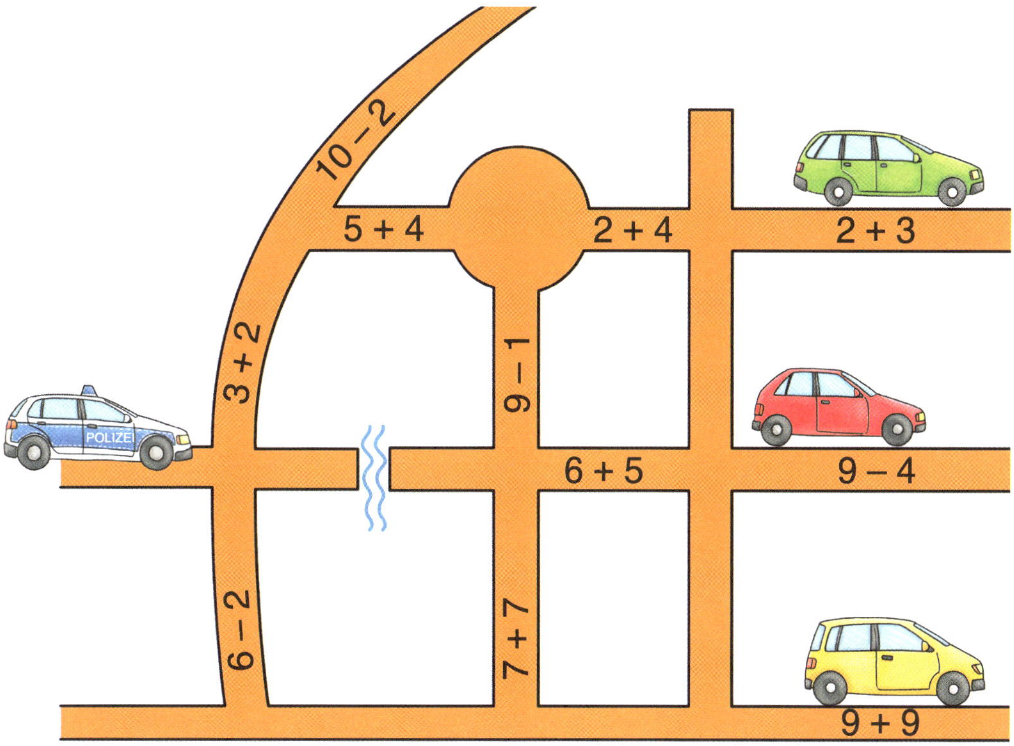


**Geschafft!**
(Platz für deinen Belohnungssticker)

3

## Ergänzen

Das Volk der Maya entwickelte eigene Ziffern.

Ergänze die fehlenden Maya-Ziffern.

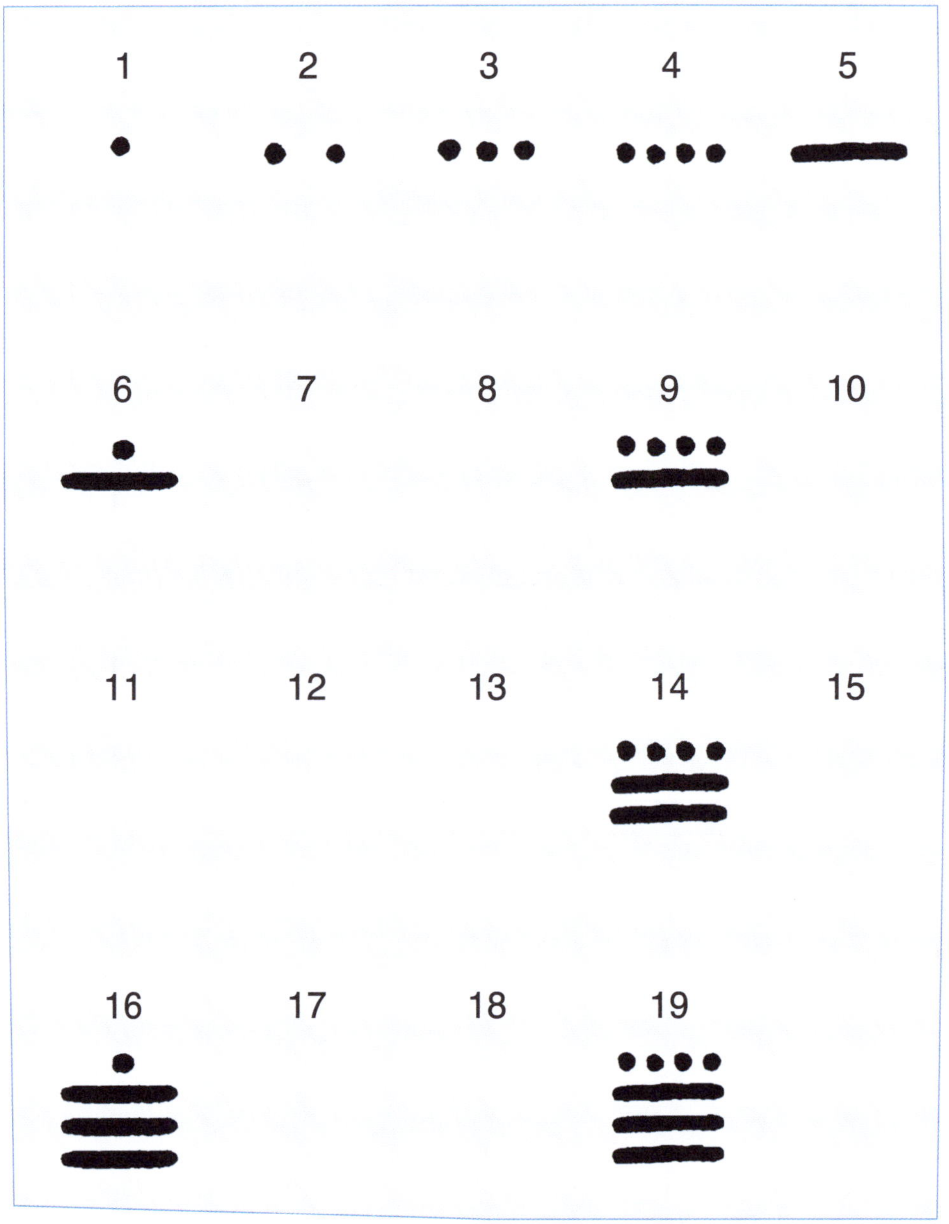


Geschafft!
(Platz für deinen Belohnungssticker)

4

## Die Herausforderung

**A.** Fülle die Zahlenmauern.

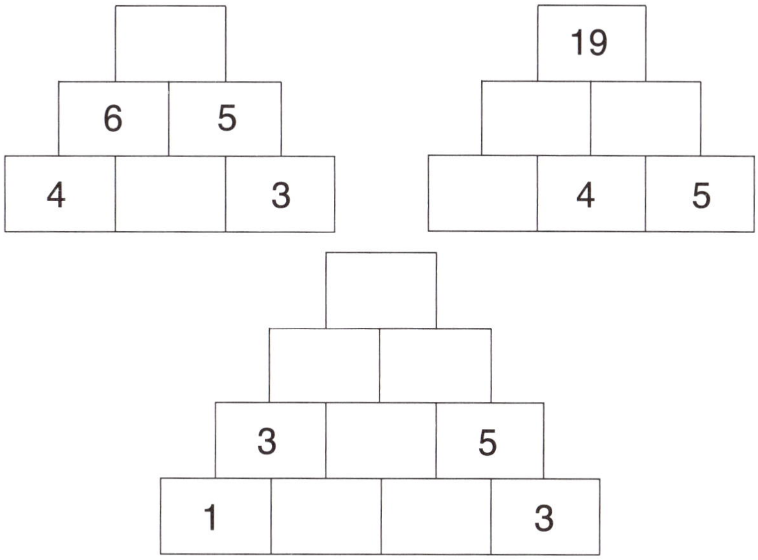


**B.** In jeder geraden und schrägen Reihe erhältst du dasselbe Ergebnis.

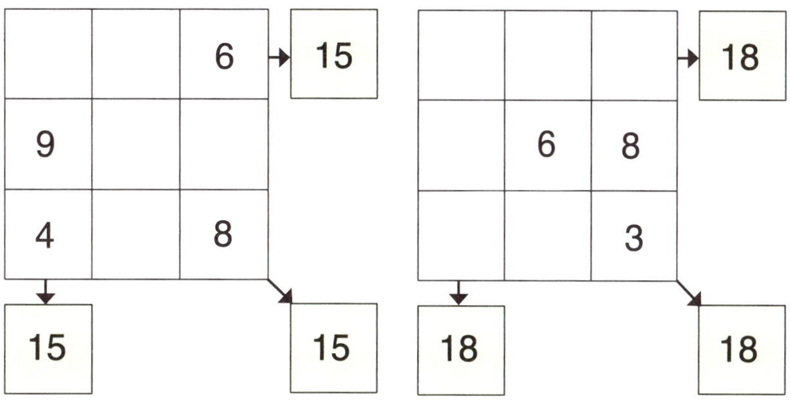


**Geschafft!**
(Platz für deinen Belohnungssticker)

5

## Mit den Mayas rechnen

Kannst du mit den Maya-Ziffern rechnen?
Eine der Rechnungen ist falsch. Hilf den Maya, diese zu finden, und kreuze sie an.

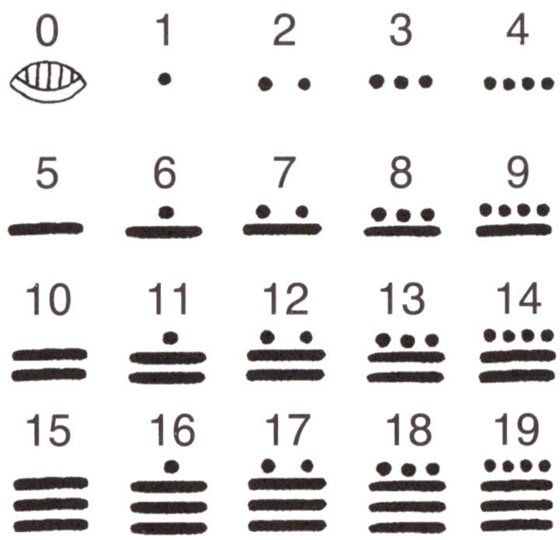


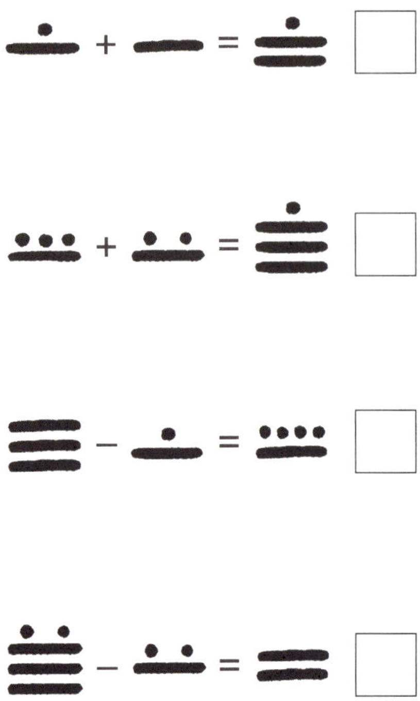

Geschafft!
(Platz für deinen Belohnungssticker)

## 6 Finde die falsche Zahl

In jede Reihe hat sich eine falsche Zahl eingeschlichen.

Streiche sie durch.

| | | | | | | | | | |
|---|---|---|---|---|---|---|---|---|---|
| 20 | 19 | 18 | 17 | 16 | 15 | 14 | 13 | 12 | 8 |

| | | | | | | | | | |
|---|---|---|---|---|---|---|---|---|---|
| 1 | 3 | 5 | 7 | 9 | 11 | 13 | 15 | 16 | 17 |

| | | | | | | | | | |
|---|---|---|---|---|---|---|---|---|---|
| 2 | 4 | 6 | 8 | 10 | 12 | 13 | 14 | 16 | 18 |

| | | | | | | | | | |
|---|---|---|---|---|---|---|---|---|---|
| 1 | 4 | 7 | 10 | 13 | 16 | 17 | 19 | 22 | 25 |

**Geschafft!**
(Platz für deinen Belohnungssticker)

7

## Finde die passenden Rechenzeichen!

Setze die passenden Zeichen ( + oder –) ein.

1 □ 0 = 1

2 □ 1 = 1

3 □ 2 □ 1 = 0

4 □ 3 □ 1 □ 2 = 0

5 □ 4 □ 3 □ 2 □ 1 = 1

6 □ 5 □ 4 □ 3 □ 2 □ 1 = 1

7 □ 6 □ 5 □ 4 □ 2 □ 3 □ 1 = 0

8 □ 7 □ 6 □ 5 □ 4 □ 3 □ 2 □ 1 = 0

8

## Sudokus

Bei diesen Sudokus trägst du in jedes dick umrandete Feld die Zahlen 1 bis 4 ein. Sie dürfen aber in jeder senkrechten und waagerechten Reihe nur einmal vorkommen.

| | | | |
|---|---|---|---|
| | 2 | | 3 |
| 1 | | 4 | 2 |
| | 1 | | |
| 2 | | 3 | |

| | | | |
|---|---|---|---|
| | 1 | | |
| | | | 3 |
| | 2 | 3 | |
| 4 | | | |

Geschafft!
(Platz für deinen Belohnungssticker)

# Zahlen

## S. 6, Nr. 1. Zahlen bis 20

## S. 7, Nr. 2. Zählen bis 20

A. Es sind 5 Tiere: 1 Vogel, 1 Hase, 1 Hund, 2 Schmetterlinge.

B. Es gibt 3 Werkzeuge: 1 Schaufel, 1 Rechen, 1 Kelle.

C. Du findest 6 Tulpen: 4 auf der Wiese und 2 in der Vase.

D. Es sind 4 Blumentöpfe.

E. Es sind 12 Eier versteckt.

## S. 8, Nr. 3. Zählen und bündeln

A. Kürbisse: 4 Bündel, Blumen: 6 Bündel

B. Stifte: 2 Bündel und 4 Einzelne, Sterne: 3 Bündel und 2 Einzelne

## S. 11, Nr. 6. Ordnungszahlen

A U T O R E N N E N

## S. 12, Nr. 7. Stellenwerttabelle

A.

| Z | E |
|---|---|
| 1 | 7 |

B.

| Z | E |
|---|---|
| 1 | 8 |

C.

| Z | E |
|---|---|
| 1 | 6 |

D.

| Z | E |
|---|---|
| 1 | 5 |

## S. 9, Nr. 4. Zuordnen

## S. 10, Nr. 5. Zuordnen

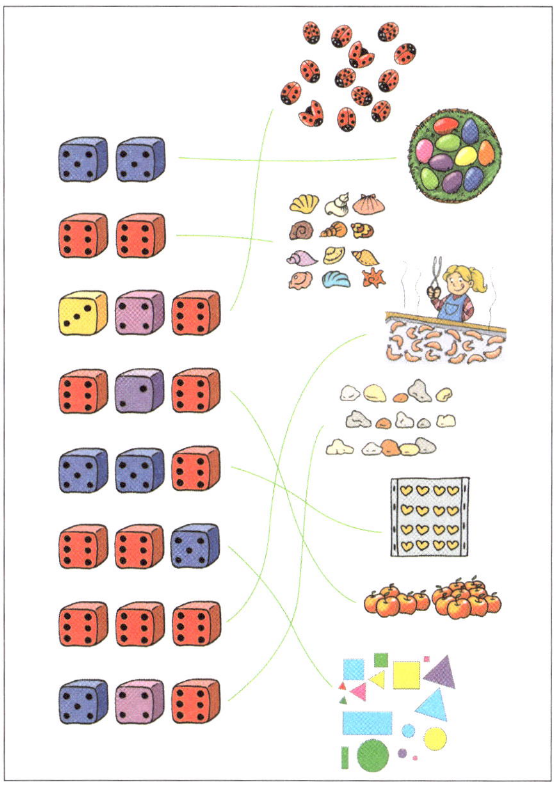

## S. 13, Nr. 8. Zehner und Einer

A. 1. Bild: 1 Zehner, 4 Einer
2. Bild: 1 Zehner, 2 Einer

B.

| Z | E |
|---|---|
| 1 | 3 |
| 2 | 0 |

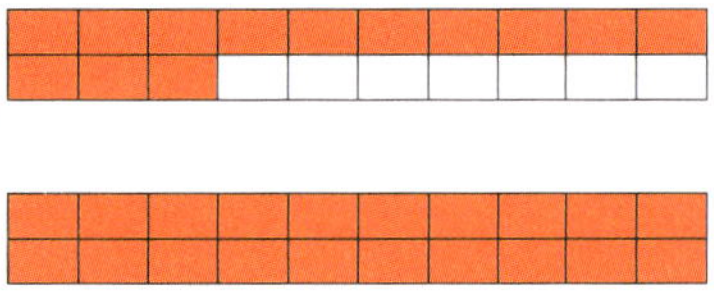

## S. 14, Nr. 9. Zahlen zerlegen

A. a. 1 + 4; 2 + 3; 3 + 2; 4 + 1
b. 1 + 6; 2 + 5; 3 + 4; 4 + 3; 5 + 2; 6 + 1

B. 1 + 7; 2 + 6; 3 + 5; 4 + 4; 5 + 3; 6 + 2; 7 + 1

C. 1 + 5; 2 + 4; 3 + 3; 4 + 2; 5 + 1

D. 1 + 8; 2 + 7; 3 + 6; 4 + 5; 5 + 4; 6 + 3; 7 + 2; 8 + 1

## S. 15, Nr. 10. Zahlen bis 20 ordnen

A. 3, 5, 6, 7, 12, 18, 19
2, 8, 9, 11, 14, 18, 20

B. 18, 16, 13, 12, 7, 5, 4
20, 17, 15, 10, 8, 6, 2

## S. 15, Nr. 11. Zahlenreihen bilden

A. 2, 4, 6, 8, 10, 12, 14, 16, 18, 20

B. 20, 17, 14, 11, 8, 5, 2

C. 1, 3, 6, 8, 11, 13, 16, 18

D. 20, 19, 15, 14, 10, 9, 5, 4, 0

E. 1, 2, 4, 8, 16

## S. 16, Nr. 12. Noch mehr Zahlenreihen

A.

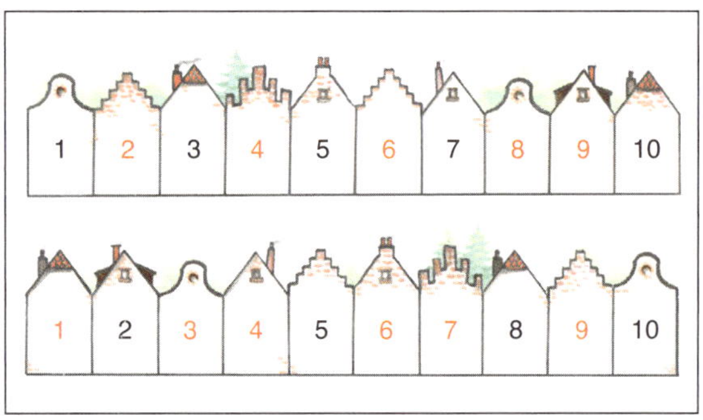


B.

17 – 18 – 19    10 – 11 – 12
11 – 12 – 13    14 – 15 – 16
7 – 8 – 9    0 – 1 – 2

## S. 17, Nr. 13. Zahlenmuster

A.

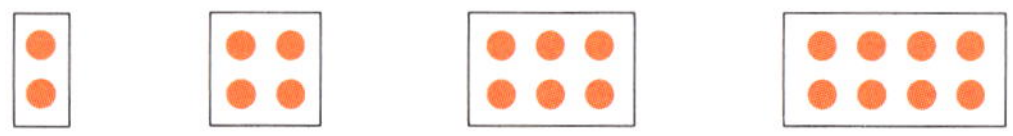

2    4    6    8

10    12    14    16    18    20

B.

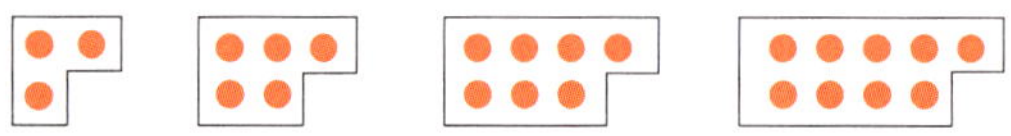

3    5    7    9

11    13    15    17    19

## S. 18, Nr. 14. Einordnen

A. Zahlen in der oberen Reihe: 5, 10, 15, 20
Zahlen in der unteren Reihe: 2, 7, 12, 17

B. Welche Zahl zwischen 1 und 10 fehlt? 4
Welche Zahl ist zweimal da? 3

## S. 19, Nr. 15. Orientierung im Zahlenraum

A. Zahlen, die größer sind als 10: 12, 19, 20
Zahlen, die kleiner sind als 17: 15, 11, 7

B.

| | |
|---|---|
| 16 / 17 / 18 | 9 / 10 / 11 |
| 2 / 3 / 4 | 18 / 19 / 20 |
| 8 / 9 / 10 | 15 / 16 / 17 |
| 12 / 13 / 14 | 13 / 14 / 15 |

## S. 20, Nr. 16. Kopfrechnen

A. 0, 1, 2, 3, 4, 5, 6, 7

B. 2, 3, 4, 5

C. 3, 4, 5, 6, 7, 8, 9

D. 6

## S. 21, Nr. 17. Gerade und ungerade

## S. 22, Nr. 18. Strukturiertes Zählen

A. Es sind 20 Bälle.
Du hast 10 Kreise gezogen.
In jedem Kreis sind 2 Bälle.

B. 2, 4, 6, 8, 10, 12, 14, 16, 18, 20
Es sind 20 Kirschen.

# Rechnen

## S. 23, Nr. 1. Addition bis 10

A. 5 + 3 = 8 B. 2 + 7 = 9
C. 4 + 5 = 9 D. 2 + 8 = 10
E. 4 + 3 = 7 F. 2 + 6 = 8

## S. 24, Nr. 2. Addition bis 10

A.

| | | | |
|---|---|---|---|
| a. | 7 + 2 = 9 | 4 + 6 = 10 | 1 + 2 = 3 |
| b. | 3 + 7 = 10 | 3 + 3 = 6 | 2 + 8 = 10 |
| c. | 4 + 4 = 8 | 6 + 2 = 8 | 7 + 1 = 8 |
| d. | 2 + 4 = 6 | 9 + 1 = 10 | 3 + 5 = 8 |

B.

| | |
|---|---|
| 8 + 2 = 6 + 4 = 10 | 4 + 5 = 3 + 6 = 9 |
| 1 + 7 = 2 + 6 = 8 | 5 + 1 = 2 + 4 = 6 |
| 3 + 2 = 4 + 1 = 5 | 2 + 2 = 1 + 3 = 4 |

## S. 25, Nr. 3. Addition bis 10

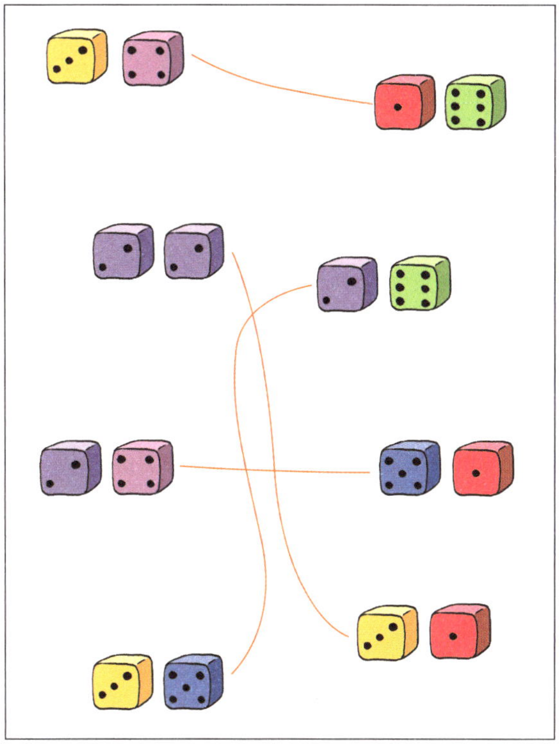

## S. 26, Nr. 4. Addition bis 10

A. Bild 1: 5 + 2 = 7
2 + 5 = 7

Bild 2: 3 + 2 + 4 = 9
4 + 2 + 3 = 9
2 + 3 + 4 = 9
2 + 4 + 3 = 9
3 + 4 + 2 = 9
4 + 3 + 2 = 9

B.

| | |
|---|---|
| 4 + 5 = 9 | 3 + 2 + 5 = 10 |
| 5 + 3 = 8 | 4 + 1 + 2 = 7 |
| 0 + 7 = 7 | 0 + 0 + 6 = 6 |

## S. 27, Nr. 5. Verliebte Zahlen

1 + 9, 2 + 8, 7 + 3, 6 + 4, 5 + 5

## S. 28, Nr. 6. Ergänzen bis 10

A. 4 + 6 = 10 8 + 2 = 10

B. 0 + 1 = 1 5 + 5 = 10
1 + 1 = 2 4 + 6 = 10
2 + 1 = 3 3 + 7 = 10
3 + 1 = 4 2 + 8 = 10

## S. 29, Nr. 7. Subtraktion bis 10

A. 5 – 2 = 3 B. 8 – 3 = 5
C. 9 – 5 = 4 D. 6 – 4 = 2
E. 6 – 3 = 3 F. 8 – 5 = 3

## S. 30, Nr. 8. Subtraktion bis 10

A. a. 10 – 6 = 4 6 – 1 = 5 8 – 3 = 5
b. 9 – 3 = 6 8 – 8 = 0 5 – 2 = 3
c. 8 – 5 = 3 10 – 4 = 6 9 – 4 = 5
d. 7 – 3 = 4 5 – 2 = 3 7 – 2 = 5

B. Mit diesen Bällen triffst du:
6 – 3 = 3; 8 – 6 = 2; 5 – 4 = 1; 10 – 7 = 3; 6 – 5 = 1; 9 – 6 = 3

## S. 31, Nr. 9. Subtraktion bis 10

A. 1. Zeile (von links nach rechts):
5 – 2 = 3 7 – 2 = 5
2. Zeile (von links nach rechts):
10 – 3 = 7 8 – 4 = 4

B. 5 – 3 = 2; 6 – 1 = 5; 1 – 1 = 0; 2 – 0 = 2; 10 – 1 = 9

## S. 32, Nr. 10. Umkehraufgaben bis 10

A. a. 6 + 2 = 8 8 – 2 = 6
b. 10 – 7 = 3 3 + 7 = 10
c. 2 + 7 = 9 9 – 7 = 2
d. 7 – 4 = 3 3 + 4 = 7
e. 7 + 2 = 9 9 – 2 = 7
f. 10 – 4 = 6 6 + 4 = 10
g. 3 + 6 = 9 9 – 6 = 3
h. 8 – 5 = 3 3 + 5 = 8

B. 5 + 4 = 9 9 – 4 = 5 ✓
6 – 3 = 3 4 + 3 = 6 f (richtig: 3 + 3 = 6)
5 + 2 = 7 7 = 5 + 2 f (richtig: 7 – 2 = 5)
10 – 6 = 4 6 + 4 = 10 f (richtig: 4 + 6 = 10)
3 + 3 = 6 6 – 3 = 3 ✓
9 – 1 = 8 8 – 1 = 9 f (richtig: 8 + 1 = 9)
4 + 2 = 6 6 – 2 = 4 ✓
8 – 3 = 5 8 = 3 + 5 f (richtig: 5 + 3 = 8)

## S. 33, Nr. 11. Umkehraufgaben bis 10

A. Bild 1: Bild 2:
4 + 2 = 6 6 + 3 = 9
6 – 2 = 4 9 – 3 = 6
2 + 4 = 6 3 + 6 = 9
6 – 4 = 2 9 – 6 = 3

B. 3 + 4 = 7 7 – 4 = 3
7 + 0 = 7 7 – 0 = 7

## S. 34, Nr. 12. Addition bis 20 ohne Zehnerübergang

A. 12 + 4 = 16 2 + 4 = 6
B. 15 + 3 = 18 5 + 3 = 8
C. 17 + 3 = 20 7 + 3 = 10
D. 14 + 4 = 18 4 + 4 = 8

## S. 35, Nr. 13. Subtraktion bis 20 ohne Zehnerübergang

A. 18 – 6 = 12 8 – 6 = 2
B. 19 – 5 = 14 9 – 5 = 4
C. 20 – 3 = 17 10 – 3 = 7
D. 16 – 5 = 11 6 – 5 = 1

## S. 36, Nr. 14. Umkehraufgaben bis 20

A. a. 17 + 2 = 19    19 – 2 = 17
b. 20 – 4 = 16    16 + 4 = 20
c. 13 + 6 = 19    19 – 6 = 13
d. 18 – 5 = 13    13 + 5 = 18
e. 11 + 8 = 19    19 – 8 = 11
f. 19 – 5 = 14    14 + 5 = 19
g. 14 + 2 = 16    16 – 2 = 14
h. 20 – 8 = 12    12 + 8 = 20
i. 12 + 7 = 19    19 – 7 = 12

B.

| Aufgabe | Umkehraufgabe |
|---|---|
| 12 + 6 = 18 | 18 – 6 = 12 |
| 20 – 7 = 13 | 13 + 7 = 20 |
| 11 + 4 = 15 | 15 – 4 = 11 |
| 16 – 3 = 13 | 13 + 3 = 16 |
| 19 – 6 = 13 | 13 + 6 = 19 |
| 14 + 5 = 19 | 19 – 5 = 14 |

## S. 37, Nr. 15. Addition und Substraktion ohne Zehnerübergang

A.

| + | 2 | 4 | 3 | 5 |
|---|---|---|---|---|
| 4 | 6 | 8 | 7 | 9 |
| 3 | 5 | 7 | 6 | 8 |
| 5 | 7 | 9 | 8 | 10 |

| – | 7 | 4 | 2 | 6 |
|---|---|---|---|---|
| 9 | 2 | 5 | 7 | 3 |
| 8 | 1 | 4 | 6 | 2 |
| 7 | 0 | 3 | 5 | 1 |

B. 1 + 7 – 5 + 2 – 4 = 1
0 + 6 + 4 – 3 – 6 – 1 = 0
9 – 3 – 2 + 3 – 2 + 1 + 3 = 9
5 + 5 – 4 – 3 + 4 – 5 + 3 + 1 = 6
7 – 4 – 1 + 7 – 3 – 5 + 2 = 3
4 + 6 – 3 – 5 + 2 + 4 = 8
3 – 1 + 6 + 2 – 5 = 5

## S. 38, Nr. 16. Addition bis 20 mit Zehnerübergang

A. a. 6 + 7 = 6 + 4 + 3 = 13
b. 9 + 6 = 9 + 1 + 5 = 15
c. 8 + 4 = 8 + 2 + 2 = 12

B. a. 7 + 5 = 12    7 + 3 + 2 = 12
b. 8 + 6 = 14    8 + 2 + 4 = 14
c. 5 + 8 = 13    5 + 5 + 3 = 13
d. 4 + 9 = 13    4 + 6 + 3 = 13
e. 6 + 7 = 13    6 + 4 + 3 = 13

## S. 39, Nr. 17. Addition bis 20 mit Zehnerübergang

## S. 40, Nr. 18. Addition bis 20 mit Zehnerübergang

A.
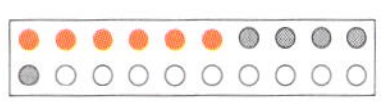
6 + 5
6 + 4 + 1 = 11

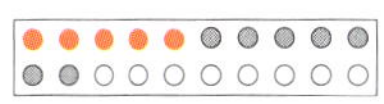
5 + 7
5 + 5 + 2 = 12

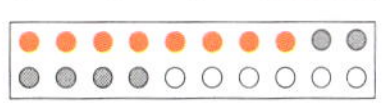
8 + 6
8 + 2 + 4 = 14

B. 7 + 5    6 + 7
7 + 3 + 2 = 12    6 + 4 + 3 = 13

9 + 4    4 + 8
9 + 1 + 3 + 13    4 + 6 + 2 = 12

## S. 41, Nr. 19. Verwandte Plusaufgaben

**A.**

| | |
|---|---|
| 3 + 6 = 9 | 7 + 2 = 9 |
| 4 + 3 = 7 | 13 + 6 = 19 |
| 17 + 2 = 19 | 14 + 3 = 17 |
| 12 + 6 = 18 | 1 + 4 = 5 |
| 11 + 4 = 15 | 2 + 6 = 8 |

**B.**

| | |
|---|---|
| 15 + 5 = 20 | 5 + 5 = 10 |
| 7 + 3 = 10 | 17 + 3 = 20 |
| 12 + 6 = 18 | 2 + 6 = 8 |
| 11 + 8 = 19 | 1 + 8 = 9 |
| 3 + 7 = 10 | 13 + 7 = 20 |

## S. 42, Nr. 20. Subtraktion bis 20 mit Zehnerübergang

**A.** a. 14 – 8 = 14 – 4 – 4 = 6
b. 16 – 7 = 16 – 6 – 1 = 9
c. 18 – 9 = 18 – 8 – 1 = 9

**B.**

| | |
|---|---|
| a. 17 – 8 = 9 | 17 – 7 – 1 = 9 |
| b. 15 – 9 = 6 | 15 – 5 – 4 = 6 |
| c. 13 – 5 = 8 | 13 – 3 – 2 = 8 |
| d. 16 – 7 = 9 | 16 – 6 – 1 = 9 |
| e. 14 – 7 = 7 | 14 – 4 – 3 = 7 |

## S. 43, Nr. 21. Subtraktion bis 20 mit Zehnerübergang

**A.**

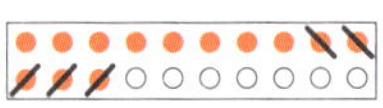

13 – 3 – 2 = 8

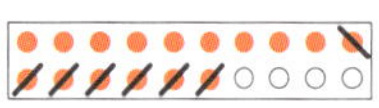

16 – 6 – 1 = 9

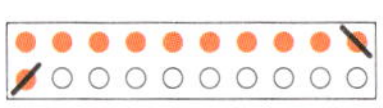

11 – 1 – 1 = 9

**B.**

| | |
|---|---|
| 17 – 7 – 2 = 8 | 15 – 5 – 2 = 8 |
| 14 – 4 – 2 = 8 | 12 – 2 – 3 = 7 |

## S. 44, Nr. 22. Verwandte Minusaufgaben

**A.**

| | |
|---|---|
| 19 – 9 = 10 | 16 – 5 = 11 |
| 8 – 7 = 1 | 9 – 9 = 0 |
| 6 – 5 = 1 | 17 – 6 = 11 |
| 15 – 4 = 11 | 18 – 7 = 11 |
| 7 – 6 = 1 | 5 – 4 = 1 |

**B.**

| | |
|---|---|
| 9 – 2 = 7 | 19 – 2 = 17 |
| 16 – 6 = 10 | 6 – 6 = 0 |
| 18 – 7 = 11 | 8 – 7 = 1 |
| 7 – 5 = 2 | 17 – 5 = 12 |
| 4 – 3 = 1 | 14 – 3 = 11 |

## S. 45, Nr. 23. Addition und Subtraktion bis 20

**A.**

7 + 4 = 11 (+ 3 → 10, + 1)

8 + 5 = 13 (+ 2 → 10, + 3)

14 – 6 = 8 (– 4 → 10, – 2)

15 – 7 = 8 (– 5 → 10, – 2)

**B.**

| | |
|---|---|
| 9 + 5 = 14 | 12 – 7 = 5 |
| 13 – 6 = 7 | 5 + 7 = 12 |
| 17 – 8 = 9 | 7 + 5 = 12 |
| 6 + 7 = 13 | 12 – 5 = 7 |

## S. 46, Nr. 24. Addition und Subtraktion bis 20

## S. 47, Nr. 25. Addition und Subtraktion bis 20

| 9 | 16 | 6 | 14 |
|---|---|---|---|
| Ergebnis | Ergebnis | Ergebnis | Ergebnis |

## S. 48, Nr. 26. Addition und Subtraktion bis 20

## S. 49, Nr. 27. Addition und Subtraktion bis 20

12 −4 = 8

13 + 6 = 19

20 − 10 = 10

11 −5 = 6

17 − 5 = 12

13 + 4 = 17

9 +9 = 18

15 −9 = 6

## S. 50, Nr. 28. Addition und Subtraktion bis 20

A.

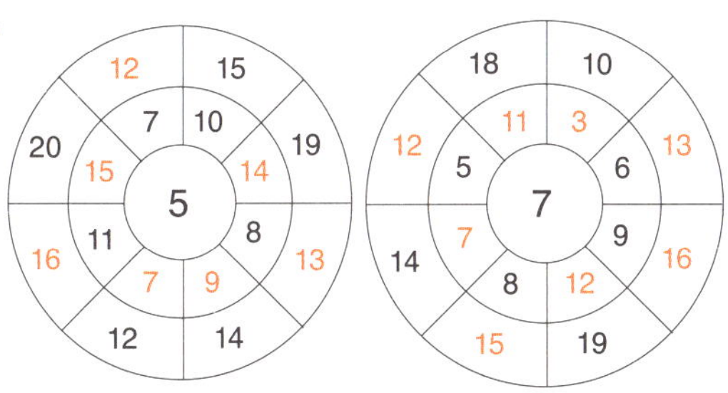


B. 8 = 20 − 12; 16 − 8; 12 − 4

13 = 9 + 4; 20 − 7; 8 + 5

20 = 11 + 9; 8 + 12; 13 + 7

## S. 51, Nr. 29. Tauschaufgaben

A. a. 4 + 7 = 11 7 + 4 = 11

b. 6 + 9 = 15 9 + 6 = 15

c. 5 + 8 = 13 8 + 5 = 13

d. 5 + 7 = 12 7 + 5 = 12

e. 9 + 3 = 12 3 + 9 = 12

B.

| **Aufgabe** | **Tauschaufgabe** |
|---|---|
| 4 + 8 = 12 | 8 + 4 = 12 |
| 5 + 9 = 14 | 9 + 5 = 14 |
| 6 + 5 = 11 | 5 + 6 = 11 |
| 7 + 8 = 15 | 8 + 7 = 15 |
| 8 + 6 = 14 | 6 + 8 = 14 |
| 9 + 7 = 16 | 7 + 9 = 16 |

## S. 52, Nr. 30. Noch mehr Tauschaufgaben

A.

| | |
|---|---|
| 2 + 3 = 5 | 5 + 2 = 7 |
| 3 + 2 = 5 | 2 + 5 = 7 |

B.

| | |
|---|---|
| 6 + 4 = 10 | 7 + 2 = 9 |
| 4 + 6 = 10 | 2 + 7 = 9 |
| 2 + 8 = 10 | 3 + 6 = 9 |
| 8 + 2 = 10 | 6 + 3 = 9 |

## S. 53, Nr. 31. Mengen vergleichen

A. größere Würfelanzahl:

1. Zeile: , 2. Zeile: , 3. Zeile: 

B.

### S. 54, Nr. 32. Größer, kleiner oder gleich?

A. 1. Zeile: >, 2. Zeile: <, 3. Zeile: =

B. 5 < 7 | 12 < 15
8 > 3 | 17 > 13
7 > 5 | 19 = 19
0 < 4 | 10 < 20

### S. 55, Nr. 33. Rechnen und vergleichen

A. 2 + 3 = 3 + 2 | 9 – 1 > 7
5 + 2 < 7 + 1 | 4 + 2 = 6 – 0
10 > 6 + 3 | 5 – 3 = 2
4 + 0 = 2 + 2 | 8 – 5 < 7 + 3

B. 5 – 4 < 3 – 1 | 10 – 5 = 2 + 3
8 + 2 > 0 + 9 | 2 + 0 < 4 – 1
7 + 3 = 6 + 4 | 8 + 1 = 9 – 0

### S. 56, Nr. 34. Ergebnisse vergleichen

A. 3 + 8 < 9 + 4 B. 16 – 8 = 14 – 6
C. 19 – 6 < 8 + 6 D. 5 + 6 = 16 – 5
E. 18 – 5 > 19 – 7 F. 6 + 6 < 8 + 5

### S. 56, Nr. 35. Gleichungen lösen

A. 4 + 12 = 16 B. 8 = 17 – 9
C. 15 – 11 = 4 D. 15 – 9 = 6
E. 13 = 6 + 7 F. 7 + 8 = 15
G. 9 + 4 = 13 H. 6 = 15 - 9
I. 11 – 6 = 5 J. 14 – 7 = 7
K. 17 = 8 + 9 L. 7 + 5 = 12

### S. 57, Nr. 36. Gleichungen lösen

A. 3 = 2 + 1 | 4 + 3 = 7
B. 5 = 8 – 3 | 10 – 4 = 6

### S. 59, Nr. 38. Verdoppeln und halbieren

A. 2, 4, 6, 8, 10, 14, 18, 20
B. 1, 2, 3, 4, 5, 6, 7, 8

### S. 58, Nr. 37. Noch mehr Gleichungen …

3 + 7 = 10

7 + 2 = 9

5 + 6 = 11

5 + 7 = 12

8 + 9 = 17

11 + 5 = 16

### S. 60, Nr. 39. Vergleichen

P < K
A > R
U < T
Z > E
E > O
Lösungswort: KATZE

## Größen

### S. 61, Nr. 1. Uhrzeiten

A. 3 Uhr oder 15 Uhr
8 Uhr oder 20 Uhr
4 Uhr oder 16 Uhr

B.

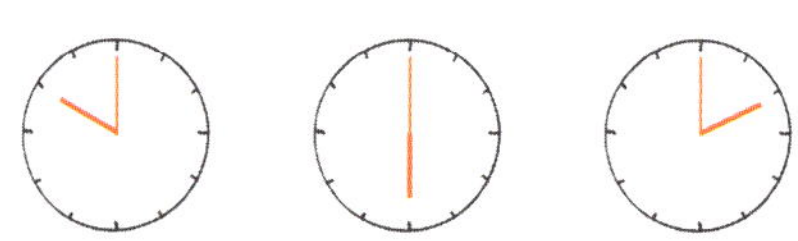

10 Uhr 6 Uhr 2 Uhr

### S. 62, Nr. 2. Noch mehr Zeiten

A.

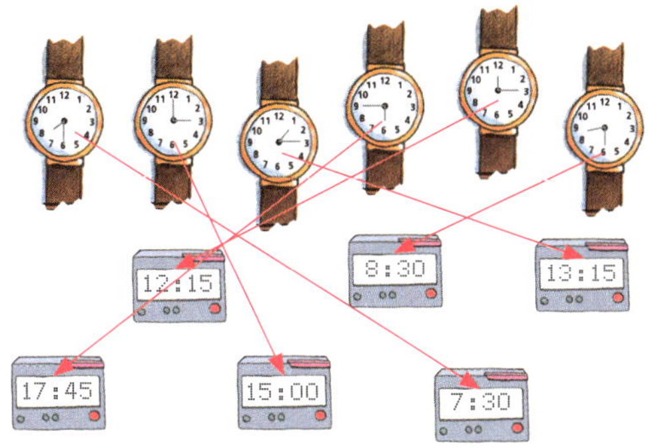


B.

### S. 63, Nr. 3. Umgang mit Geld

### S. 64, Nr. 4. Geldmengen erfassen

A. 3 Euro 15 Cent
B. 7 Euro
C. 60 Cent
D. 4 Euro 80 Cent
E. 7 Euro
F. 10 Euro 20 Cent

## Textaufgaben

### S. 65, Nr. 1. Mit Geld rechnen

A. 4 € + 2 € + 3 € = 9 €
Paul gibt 9 € aus.

B. 6 € + 2 € + 3 € = 11 €
Inas Geld reicht nicht.

### S. 66, Nr. 2. In der Schule

7 + 6 + 5 = 18

Es sind 18 Blumentöpfe da.

### S. 66, Nr. 3. Einkaufen

16 € = 9 € + 7 €

9 € + 7 € = 16 €

16 € – 9 € = 7 €

Ihr fehlen noch 7 €.

### S. 67, Nr. 4. Unterwegs

10 – 2 – 6 = 2

Im Bus befinden sich noch 2 Fahrgäste.

### S. 67, Nr. 5. Beim Bäcker

A. 10 – 2 – 3 – 2 – 1 = 2

B. 2 + 3 + 2 + 1 = 8
10 – 8 = 2
Es bleiben 2 Brötchen übrig.

### S. 68, Nr. 6. Obst ist lecker

8 – 5 = 3

Es sind noch 3 Äpfel übrig.

### S. 68, Nr. 7. Treffpunkt Fußballplatz

Rechnung: 3 + 5 + 4 = 12

Es sind insgesamt 12 Kinder.

### S. 69, Nr. 8. In der Tierklinik

Rechnung: 11 + 7 = 18

Antwort: Es sind insgesamt 18 Hunde behandelt worden.

### S. 69, Nr. 9. Im Tierheim

Rechnung: 16 – 9 = 7; 7 + 6 = 13

Antwort: Nun sind 13 Katzen im Tierheim.

## S. 70, Nr. 10. Wettschießen der Cowboys

A. Rechnung: 9 + 5 = 14

Antwort: Der Cowboy hat insgesamt 14 Dosen getroffen.

B. Rechnung: 20 – 5 = 15; 15 – 6 = 9; 9 – 7 = 2

Antwort: Es stehen noch 2 Dosen auf dem Zaun.

## S. 71, Nr. 11. Altersrätsel

A. 16 + 2 = 18

7 + 2 = 9

Das Doppelte von 9 ist 18.

Lösung: In **2** Jahren wird seine Schwester doppelt so alt sein wie er.

B. Anton ist **6** Jahre alt.

Fritz ist **12** Jahre alt.

Leo ist **10** Jahre alt.

Max ist **5** Jahre alt.

## S. 72, Nr. 12. Welche Zahl ist es?

12

6

20

12

## S. 73, Nr. 13. Klassenbücherei

20 – 12 = 8

In der Bücherkiste befinden sich noch 8 Bücher.

## S. 73, Nr. 14. Einkaufstour

16 € – 9 € – 5 € = 2 €

Es bleiben 2 € übrig.

# Mit Schaubildern arbeiten

## S. 74, Nr. 1. Klassensprecherwahlen

A. Maria: 9 Timo: 7 Kerstin: 11

Antwort: Kerstin ist die neue Klassensprecherin.

B.

| | |
|---|---|
| Susi | 卌 卌 III |
| Sophie | 卌 IIII |
| Peter | 卌 卌 II |

Antwort: Susi ist die neue Klassensprecherin.

## S. 75, Nr. 2. Fußballtore

Max: 13 Tommi: 8 Stefan: 12

Antwort: Max hat die meisten Treffer geschafft.

## S. 75, Nr. 3. Weitwurf

| | |
|---|---|
| Jan | 卌 IIII |
| Freddy | 卌 卌 卌 |
| Luka | 卌 卌 IIII |

Antwort: Freddy hat die meisten Punkte.

## S. 76, Nr. 4. Zählen und darstellen

A.

| | | | |
|---|---|---|---|
| 4 | 2 | 6 | 5 |
| IIII | II | IIIIII | IIIII |

B.

| | | |
|---|---|---|
| Katze | II | 2 |
| Huhn | 卌 卌 | 10 |
| Hase | 卌 | 5 |

## S. 77, Nr. 5. Zähle und finde das Lösungswort

| | | | | | |
|---|---|---|---|---|---|
| 10 | 2 | 3 | 1 | 4 | 9 |
| 卌 卌 | II | III | I | IIII | 卌 IIII |
| G | A | R | T | E | N |

4 = E 2 = A 10 = G 9 = N 1 = T 3 = R

Lösungswort: GARTEN

## Knobelaufgaben

**S. 78, Nr. 1.** Addieren und subtrahieren

| | | | | | | | |
|---|---|---|---|---|---|---|---|
| 3 | + | 7 | + | 6 | = | 16 |
| + | | + | | + | | |
| 2 | + | 1 | + | 8 | = | 11 |
| + | | + | | + | | |
| 4 | + | 9 | + | 5 | = | 18 |
| = | | = | | = | | |
| 9 | | 17 | | 19 | | |

| | | | | | | |
|---|---|---|---|---|---|---|
| 9 | − | 6 | − | 3 | = | 0 |
| + | | + | | + | | |
| 8 | − | 4 | − | 2 | = | 2 |
| + | | + | | + | | |
| 7 | − | 5 | − | 1 | = | 1 |
| = | | = | | = | | |
| 24 | | 15 | | 6 | | |

**S. 79, Nr. 2.** Addieren und subtrahieren

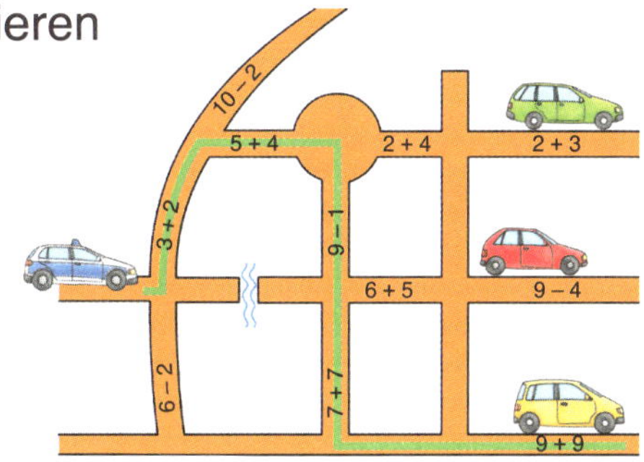


**S. 80, Nr. 3.** Ergänzen

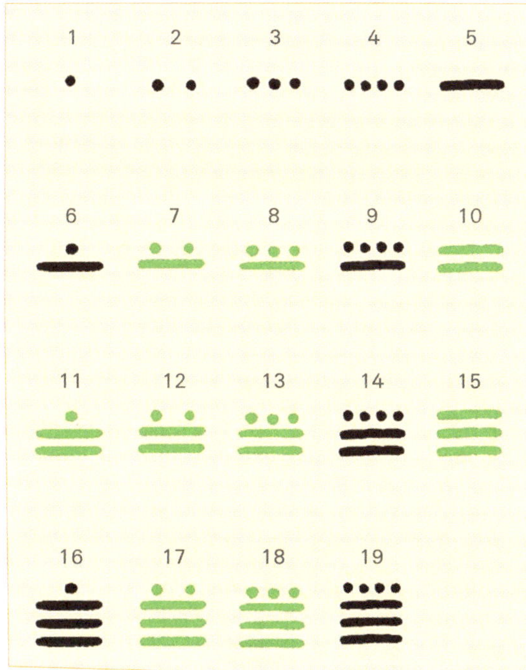

## S. 81, Nr. 4. Die Herausforderung

**A.**

| | | |
|---|---|---|
| | 11 | |
| 6 | | 5 |
| 4 | 2 | 3 |

| | | |
|---|---|---|
| | 19 | |
| 10 | | 9 |
| 6 | 4 | 5 |

| | | | |
|---|---|---|---|
| | | 16 | |
| | 7 | 9 | |
| 3 | 4 | 5 | |
| 1 | 2 | 2 | 3 |

**B.**

| | | | |
|---|---|---|---|
| 2 | 7 | 6 | → 15 |
| 9 | 5 | 1 | |
| 4 | 3 | 8 | |
| ↓ 15 | | | ↘ 15 |

| | | | |
|---|---|---|---|
| 9 | 2 | 7 | → 18 |
| 4 | 6 | 8 | |
| 5 | 10 | 3 | |
| ↓ 18 | | | ↘ 18 |

## S. 82, Nr. 5. Mit den Mayas rechnen

Die zweite Rechnung ist falsch.

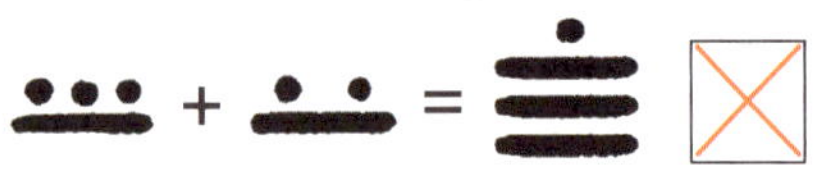

## S. 83, Nr. 6. Finde die falsche Zahl

| | | | | | | | | | |
|---|---|---|---|---|---|---|---|---|---|
| 20 | 19 | 18 | 17 | 16 | 15 | 14 | 13 | 12 | ~~8~~ |
| 1 | 3 | 5 | 7 | 9 | 11 | 13 | 15 | ~~16~~ | 17 |
| 2 | 4 | 6 | 8 | 10 | 12 | ~~13~~ | 14 | 16 | 18 |
| 1 | 4 | 7 | 10 | 13 | 16 | ~~17~~ | 19 | 22 | 25 |

## S. 84, Nr. 7. Finde die passenden Rechenzeichen!

1 + 0 = 1; 2 – 1 = 1; 3 – 2 – 1 = 0; 4 – 3 + 1 – 2 = 0;
5 – 4 + 3 – 2 – 1 = 1; 6 – 5 + 4 – 3 – 2 + 1 = 1;
7 – 6 + 5 – 4 + 2 – 3 – 1 = 0
8 – 7 + 6 – 5 + 4 – 3 – 2 – 1 = 0

## S. 84, Nr. 8. Sudokus

| | | | |
|---|---|---|---|
| 4 | 2 | 1 | 3 |
| 1 | 3 | 4 | 2 |
| 3 | 1 | 2 | 4 |
| 2 | 4 | 3 | 1 |

| | | | |
|---|---|---|---|
| 3 | 1 | 4 | 2 |
| 2 | 4 | 1 | 3 |
| 1 | 2 | 3 | 4 |
| 4 | 3 | 2 | 1 |

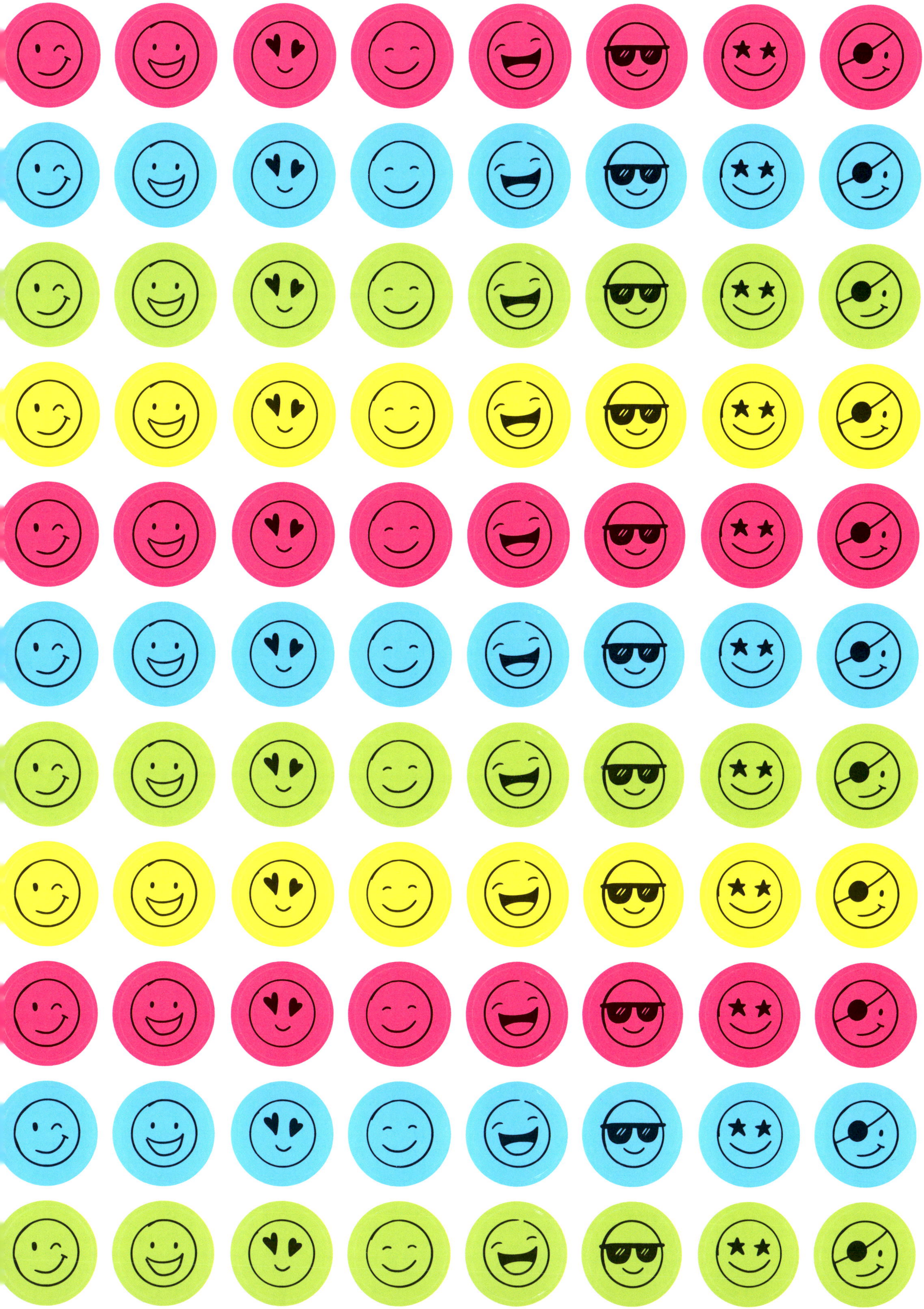